家庭で焼けるシェフの味
セントル ザ・ベーカリーの食パンとサンドイッチ

銀座
頂級吐司&三明治
嚴選食譜

不藏私的名店配方，最完整的吐司專書，在家就能做出開店級美味！

牛尾則明 /著

日本銀座名店CENTRE THE BAKERY主廚

邱香凝 /譯

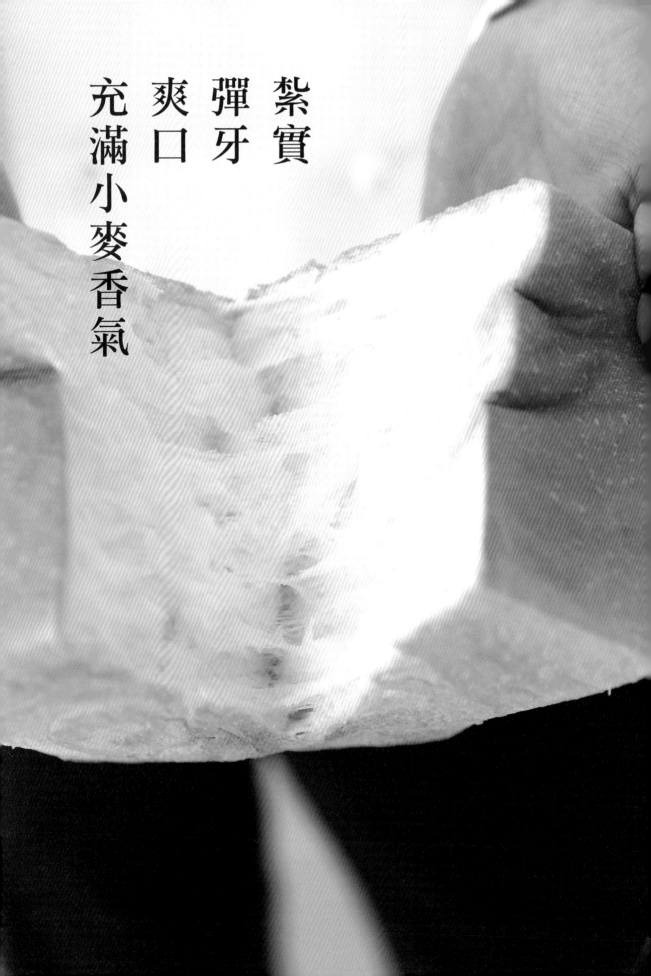

紮實
彈牙
爽口
充滿小麥香氣

不加虛飾的
滋味
吐司麵包的
美味

前言

大排長龍的吐司專賣店
CENTRE THE BAKERY的吐司
在家就能烤出來！

「CENTRE THE BAKERY」的吐司有三種。第一種是使用日本國產麵粉製作的「方形吐司」，吃起來口感紮實、Q彈；第二種是使用北美產麵粉製作的「Pullman Bread」，吃起來鬆軟、彈牙；第三種是山形麵包「英式吐司」，吃起來香酥鬆脆，齒頰留香。此外，還有採用較溼潤麵團的「葡萄乾吐司」，麵團裡加入滿滿葡萄乾，令人吃來心滿意足。葡萄乾吐司是主廚的全新創作，目前店內尚未販賣，但已考慮在不久後正式上市銷售。書中介紹的每一種吐司都是「至今從未吃過的嶄新口味，比任何地方的吐司更好吃」，也是主廚仔細斟酌用料，在錯誤中不斷嘗試之下，終於完成的配方。本書中介紹的吐司食譜，不但使用與店內相同的材料和製法，更重要的是，在一般家庭廚房也能輕易做出這些美味的麵包。除了吐司麵包之外，書中另外提供使用吐司麵包變化而成的人氣三明治食譜。烤好的吐司可以直接享用，也可以再烘烤得香酥溫熱，更不妨做成三明治享用。那麼，接下來就請跟著主廚腳步，盡情享受變化多樣，口味豐富的美味吐司吧！

牛尾則明

譯註：「方形吐司」和「Pullman Bread」外型相同，又稱「帶蓋吐司」，是以帶有蓋子的烤模烤成，故頂部平整。「山形吐司」又稱「不帶蓋吐司」，因烤模上方無加蓋，麵團頂部向上膨脹成山形。

contents

本書度量衡
- 1小匙為5ml,1大匙為15ml。使用的雞蛋皆為中等大小。
- 食材中的「夢之力特調麵粉（ゆめちからブレンド）」、「日清山茶花（カメリヤ）」皆為高筋麵粉。「Super King」為最高筋麵粉。「La tradition française」則是法國麵包專用麵粉（中高筋麵粉）。
- 書中設定的溫度與烘焙時間,以使用瓦斯烤箱的情形為準。此外,不同機種也可能產生些微差異,請參照食譜,觀察狀況,做適度調整。

Chapter 1
用三種製法做出的基本型吐司

Chapter 2

各種口味的
花式吐司

Chapter 3

三明治與副菜

CENTRE THE BAKERY
的吐司
好吃的原因

「不用再烤熱，直接吃就很美味。」
「連吐司邊都Q彈好吃。」
能做出如此美味的吐司有許多理由，
以下就為大家一一介紹吧。

1
採取三種製法，
以最適當的方式，
做出不同種類的
吐司。

配合吐司種類的不同，分別運用三種不
同製法。在吐司模上，加上蓋子烤成的
方形吐司，用的是最能引出其Q彈口感
的「湯種製法」。製作英式山形吐司時，
則是使用「長時間低溫發酵法」，如此
一來，麵團便能盡情地慢慢膨脹。同為
山形麵包，由於葡萄乾吐司的麵團較容
易失去水分變乾，就藉由「中種製法」
提高麵團的保溼度。就像這樣，因應不
同食材與不同形狀的吐司，分別選擇最
適合的烘焙方法。

圖左為「湯種」。加入
湯種能提高麵團保溼
度，使烤好的麵包不
失溼潤紮實。

2
配合不同麵包，
選擇不同麵粉。

製作麵包時，使用不同產地與種類的麵
粉，烤出的麵包香氣與口感也會大不相
同。因此，本書中的食譜，將配合麵包
種類變更麵粉。其中，日本國產麵粉用
的是「夢之力特調麵粉」（ゆめちからブ
レンド），外國麵粉則使用了調和北美
產麵粉的「Super King」與「日清山茶
花」（カメリヤ），也有一部分使用了法
國麵包專用麵粉「La tradition
française」。這些麵粉在日本網路上都
買得到，請大家也務必試用看看。（編
按：在臺灣，可至各大超市、烘焙材料行
或網路商店，選購合適的材料。）

3

要連吐司邊都好吃，就得先揉好麵團。

想要做出連麵包邊都好吃的吐司，除了重視食材的配方外，能否揉出好麵團也是決定性的因素。請仔細揉麵，直到麵團整體呈柔滑狀，表面覆上一層薄膜，而麵團本身也揉出韌度為止。此外，配合烤模放入份量適中的麵團也很重要。如果放得太少，烤出的麵包會太空洞，放得太多，麵團全部擠在一起，也會影響烤好後的口感。揉好的麵團切分後，必須用磅秤一一秤重，按照食譜上的份量，放入指定大小的烤模烘烤。

4

使用一般家庭方便使用的份量與器具。

店裡賣的麵包，有幾個步驟採用機械進行，烘烤時也是選業務用大烤模。不過，本書介紹的食譜，使用的都是能放入一般家用烤箱尺寸的烤模，材料的份量也已配合烤模尺寸改訂。此外，不必使用額外工具，只要以雙手即可揉麵。書中使用的各種器具，也都選擇在麵包材料行即可購得，或可用家中原有工具替代的器具（參照P.95）。唯一需要注意的是烤箱，因為有機種上的差異，請掌握自家烤箱的烘烤特徵，觀察狀況，適度調整烘烤所需時間。

開始 烤吐司前

在此介紹本食譜用語與各項步驟的重點。
揉好的麵團狀態，會因揉麵時的溫度、溼度，
以及揉麵的力道強度而有所改變。
請多挑戰幾次，找出最佳狀態。

擀平・摔打揉麵

「揉麵」這個步驟，目的是要讓麵粉中的蛋白質與水分結合，在表面揉出名為「麩質蛋白」的薄膜，並讓麵團產生良好的延展度。揉麵不足的麵團，水分容易流失，揉成的麵團會乾巴巴的。相反地，揉麵過度的麵團則因太溼潤而容易沾黏。食譜中提到的「擀平」和「摔打」是揉麵的重要程序。一開始，兩者的次數可比食譜中寫的稍多一些，務求徹底揉麵，直到感覺麵團具有韌度為止。

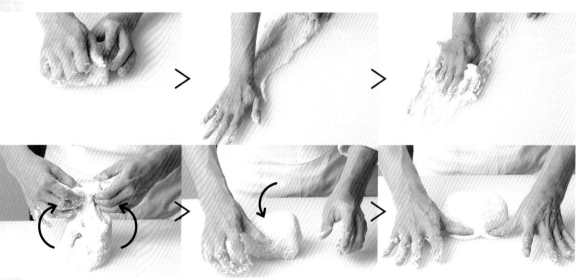

用手心靠近手腕處施力，在作業檯上壓平麵團擀開。等麵粉與水徹底融合，就以「將麵團摔打在檯面上，再重新揉成一團」的要領仔細揉麵。

完成塑形

光是將切分好的**麵團**直接放入烤模，是無法烤出方形吐司那樣整齊的角度。就算烤的是英式吐司那樣的山形吐司，往往也容易變形走樣。想讓麵團順應烤模形狀漂亮地膨脹，在放入烤模前必須先完成塑形。將麵團切分為二後，分別將麵團擀成粗細均等的長條狀，接著再捲成花捲狀，此時需注意保持麵團中的氣泡均等。接著再將兩個花捲形麵團，並排放入烤模中。如此一來，就能烤出均勻膨脹，色澤美麗的吐司麵包了。

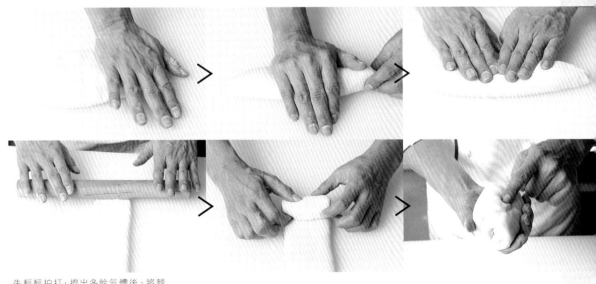

先輕輕拍打，擠出多餘氣體後，將麵團滾成粗細均一的棒狀並捲起。麵團捲起後，並排放入烤模時，最後捲入的尾端接合處朝下。

揉麵時的溫度

食譜中的發酵時間，皆設定為在室溫（參
照P.13）下，製作麵包時的發酵時間。理
想的揉麵溫度為28℃以上，如果只是正負
一度左右的差異，並沒有太大問題。但是
當溫度太高或太低時，則需以20分鐘為
單位來調整醒麵的時間。如果發現麵團
膨脹不足，也請延長發酵時間。

將溫度計插入麵團中心測量溫度。

戳洞測試

這是在切分麵團、完成塑形前，確認發酵
狀態的步驟。用沾滿麵粉的食指戳入麵
團中央，戳到底後再慢慢拔出手指。只要
小洞周圍的麵團慢慢隆起恢復原狀，就是
ＯＫ了。如果麵團凹下後不會恢復，就必
須再靜置30分鐘。反覆測試，手指也會抓
到麵團最佳狀態時的感覺。

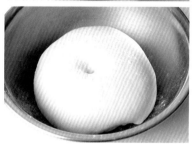

只要戳出的小洞周圍麵團慢慢隆起恢復即可。

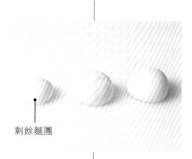

剩餘麵團

善用剩餘麵團

按照食譜份量揉麵，完成麵團切分步驟後，依據麵
包種類的不同，通常會多出50g～200g的剩餘麵
團。本書也將告訴大家，如何利用這些麵團做出花
式麵包。比方說，小圓麵包、熱狗麵包、捲麵包等。
就算使用的是同樣的麵團，揉圓再烤的麵包和以烤
模烤出的吐司，口感完全不同，又是另一番享受。

烘焙百分比

假設麵粉的總重量為100%，其他材料份量佔的比例就是烘焙百分比。食譜中，配合使用的烤模，烤一次吐司用的麵粉總重量統一為250g（英式吐司是300g）。想改變成品份量時，只要以烘焙百分比為基礎，就能算出麵粉和其他材料各自應為多少份量。

湯種	份量	烘焙百分比
夢之力特調麵粉	50g	20%
砂糖	5g	2%
鹽	5g	2%
熱水	100g	40%

（前一天先準備好）

夢之力特調麵粉	200g	80%
砂糖	15g	6%
奶粉	10g	4%
即溶酵母粉	3g	1.2%
無鹽奶油	15g	6%
水	125g	50%
湯種	前一天準備的份量全部	

室溫

本書預設室溫為20℃以上。製作麵包的麵團在低於20℃的室溫下難以發酵，在超過28℃的室溫則會膨脹過度。不同的季節，以及做麵包時不同的室內條件，都會改變發酵狀況。請一邊觀察發酵時麵團的狀態，一邊調整發酵時間。

二次發酵程序

一次發酵在室溫中進行（請參照上文），二次發酵則以30℃以上，溼度80%左右的環境條件為理想。家用烤箱附設的發酵功能最為方便，若沒有的話，可在烤箱內四個角落各放一杯熱水並不時更換，保持烤箱內溫度在30℃以上，於其中進行二次發酵。

水與麵粉的溫度

書中使用的水與麵粉，皆已事先置於20～23℃的室內幾小時。請根據季節不同，以冷氣等空調調節室溫。奶油和雞蛋等材料，也請於製作前事先從冰箱取出，放在室內恢復常溫。麵粉平時可常溫保存，遇到梅雨季節和夏天時，則還是放在冰箱保存比較可靠。記得在烤麵包的前一天拿出來即可。

麵粉先放入密封袋內，再放入冰箱。

Q&A

在此介紹做麵包時一定會遇到的疑問、如何烤出漂亮麵包的重點，以及吃出麵包美味的訣竅。

 為何烤不出
漂亮的形狀？

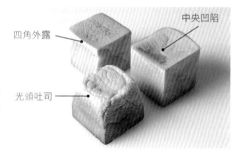

四角外露
中央凹陷
光頭吐司

 之所以會烤出四角渾圓的「光頭吐司」，原因在於發酵不足。請確認麵團在二次發酵過程中，是否膨脹到烤模的九分滿。相反地，若發酵過度，則會烤出「四角外露」的吐司。另外，想要避免「中央凹陷」，一定要在烤好時，馬上將麵包從烤模中倒出。

無法順利取出而變形　　確實塗上一層油

 為何麵包
無法從烤模中倒出來？

 使用新買的烤模前，一定要先空燒一次，讓烤模吃油。先用150℃預熱烤箱20分鐘後，趁熱放入內側塗上一層薄薄沙拉油的烤模和模蓋，繼續用240℃加熱20分鐘。

 為什麼烤好時
要敲打烤模？

烤好之後立刻敲擊烤模，能讓麵團中的熱氣迅速與外面的空氣對流。如此一來，麵包冷卻後就不容易產生凹陷了。烤好後一直放在烤模裡，會形成上述「中央凹陷」的狀態。

 請問該如何保存，
麵包才不會變得乾巴巴？

 烤好的吐司不用放冰箱，放在室溫保存即可，等要吃的時候再切片。若超過兩天沒有吃完，可一片一片用保鮮膜包好，放在夾鍊袋中冷凍。要吃的時候再拿出來自然解凍。

 想知道烤好超過兩天
仍保有美味的吃法。

 吐司放愈多天就愈容易變乾硬，這時可用蒸籠蒸3～5分鐘，就能恢復鬆軟口感。若想用小烤箱烤，一定要先在表面噴一層水霧，放入預熱過的烤箱加熱，注意不要烤焦。

用蒸籠蒸　　烤之前噴水

Chapter

1

用三種製法做出的
基本型吐司

用一整個烤模烤出的吐司，即使乍看之下外表相似，只要
使用不同麵粉和製法，就能變化出不同的香氣與口感。
CENTRE THE BAKERY的吐司，用三種製法引出不同吐司
的特性，分別是方形吐司與Pullman Bread使用的「湯種
製法」，英式吐司使用的「長時間低溫發酵製法」，以及
最新創作的葡萄乾吐司所使用的「中種50%發酵製法」。

Pullman 湯種製法
> 作法請參照P.18

> 作法請參照P.18

方形吐司 湯種製法
> 作法請參照P.18

> 作法請參照P.18

CENTRE THE BAKERY

我認為好吃的吐司麵包

在使用100%法國麵粉的法國麵包專賣店「VIRON」後,八年前我又開設了營造昭和三〇年代氛圍,販售古早味麵包的「大家的麵包屋」。有了這兩間麵包店的經營經驗後,我開始想「開一間專賣日本人最熟悉的吐司專賣店,好像也不錯?」當我將這個念頭付諸實現時,成立的正是位於銀座的「CENTRE THE BAKERY」。

CENTRE THE BAKERY的帶蓋吐司有兩種,一種是採用日本國產麵粉製作的「方形吐司」,一種是採用外國產麵粉製作的「Pullman Bread」。我以「大家的麵包屋」販售的帶蓋吐司為基礎,嘗試開發「CENTRE THE BAKERY」專用的方形吐司配方時,發現國產麵粉與外國麵粉的香氣不同,左右口感的蛋白質份量也相異。兩種不同的麵粉各有所長,經過一段反覆嘗試與錯誤的過程,終於完成能引出這兩種麵粉優點的不同配方。最後做出的,是即使不用烤熱也很好吃,連麵包邊都很美味的吐司。儘管兩種

吐司外觀相似,只要一吃就會發現口感明顯不同。我希望大家吃了之後都能明白,「CENTRE THE BAKERY」的麵包和其他任何地方吃到的都不一樣。

本書以「CENTRE THE BAKERY」的方形吐司配方為基礎,重新改寫為適合在一般家庭製作的食譜。剛開始的幾次,讀者或許必須花上很多時間揉麵,也可能遇到麵團無法膨脹滿一整個烤模的情形。不過,毫無疑問的,那已是非常接近「CENTRE THE BAKERY」的味道。只要多嘗試幾次,掌握訣竅之後,麵團一定能完美地按照烤模形狀膨脹,烤出漂亮的吐司麵包。

烤好的吐司直接吃就很好吃,當然,也可以再用小烤箱烤得香酥,或是改變切片的厚度,光是這樣就能享用到不同的口感與滋味。不只早餐可以吃,也能試著將吐司麵包放入任何一餐。正因吐司麵包本質樸素單純,想必能夠變化出更多不同的吃法。

材料（麵團量約450g，134x152x131mm的帶蓋烤模1條份）

方形吐司

Pullman Bread

湯種	份量	烘焙百分比
夢之力特調麵粉	50g	20%
砂糖	5g	2%
鹽	5g	2%
熱水	100g	40%

前一天先準備好

夢之力特調麵粉	200g	80%
砂糖	15g	6%
奶粉	10g	4%
即溶酵母粉	3g	1.2%
無鹽奶油	15g	6%
水	125g	50%
湯種	前一天準備的份量全部	

湯種	份量	烘焙百分比
日清山茶花麵粉	50g	20%
砂糖	5g	2%
鹽	5g	2%
熱水	50g	20%

前一天先準備好

日清山茶花麵粉	200g	80%
砂糖	15g	6%
奶粉	10g	4%
即溶酵母粉	3g	1.2%
無鹽奶油	15g	6%
水	175g	70%
湯種	前一天準備的份量全部	

湯種的材料

麵團的材料

口感Q彈的日本國產麵粉，
香氣濃厚、具有嚼勁的北美產麵粉，
使用湯種引出各自不同的特性。

接下來，再稍微說說關於麵粉的差異性吧。CENTRE THE BAKERY的「方形吐司」，使用的是日本北海道產的麵粉「夢之力」。這種麵粉的蛋白質含量相當高，因此會另外再加入低筋麵粉調和。日本國產麵粉無論香氣或蛋白質中「麩質蛋白」的力道，都較國外的麵粉弱。雖然如此，「夢之力」這種麵粉仍具有令人想用它來做麵包的強力特質。另一方面，以外國產麵粉製作的「Pullman Bread」，使用的是北美及加拿大生產的「PANSE」（パンセ）。這種麵粉的特徵，是強烈的麥香與獨特的強勁韌度。

本書中的「Pullman Bread」食譜，以「日清山茶花」麵粉取代「PANSE」。「日清山茶花」一樣是北美產麵粉，特徵與「PANSE」相似，優點是在日本超市就能買到。相同地，也以比較容易購得的「夢之力特調」取代「夢之力」麵粉。

書中使用的湯種，指的是將部分麵粉用熱水揉過後，靜置一晚做成的麵團。澱粉質遇熱糊化，能提高麵團的保溼度，創造柔軟Q彈的口感。將這樣的湯種混入麵團中，烤出的麵包就能蓬鬆柔軟，也不容易流失水分，即使出爐後放上兩天，味道依然不變。

「方形吐司」和「Pullman Bread」除了用的麵粉不同，其他製法過程完全一樣。不過，兩者在製作湯種時，使用的熱水份量不同。一如前述，日本國產麵粉與外國產麵粉的香氣，以及蛋白質的性質都不相同。加水揉麵的過程中，形成的「麩質蛋白」強度也不一樣。日本國產麵粉的麩質蛋白力道較弱，取而代之的是澱粉質含量較豐富，具有吃慣米食的日本人所喜愛的紮實與Q彈口感。相對的，外國產麵粉麥香濃烈，麩質蛋白的延展性佳，將吐司烤熱來吃時，能品嚐到香酥鬆脆的口感。為了引出兩者不同的特性，在湯種製作上，下了一番工夫。

製作湯種時需要注意幾個重點。一般揉麵時，加入的是規定份量中的冷水，只有製作湯種時，在麵粉中加入熱水。這是為了讓和麵的碗不易冷卻，提高澱粉質的糊化程度，進而帶出獨特的彈牙口感。此外，將湯種放入冰箱等待醒麵時，使用塑膠碗會比不鏽鋼碗更能防止麵團過冷。

雖然湯種必須在烤麵包前一天先準備好，不過手續並不麻煩。使用湯種做出的麵包，口感絕對更上一層樓，同時還能延長麵包的美味，請務必嘗試看看。

作法（方形吐司與Pullman Bread作法相同）

製作湯種

1　用瓦斯爐火快速加熱不鏽鋼調理
　　碗後，放入麵粉、砂糖與鹽混合攪
　　拌，再一口氣均勻倒入熱水。

2　趁碗內溫度尚未下降時，以木杓
　　快速攪拌。訣竅是一邊用木杓將
　　麵糊往碗內側按壓，一邊攪拌。

3　等麵團攪拌均勻就完成了。揉好
　　的湯種麵團溫度需保持在50℃以
　　上，麵團不用完全柔滑，留下一些
　　小型結塊也無妨。

4　等麵團冷卻到體溫左右的溫度
　　後，蓋上保鮮膜，放入冰箱（6～
　　8℃），靜置一晚（超過12小時）等
　　待醒麵，隔天做麵包時就可使用
　　了。做好的湯種，放在冰箱可保存
　　三天。

製作麵團

5　在調理碗中放入麵粉、砂糖、奶粉
　　與即溶酵母粉，混合攪拌。

6　將**5**倒入已按照份量加水的碗中，
　　一邊朝自己的方向轉動調理碗，一
　　邊用手指混合水與粉類，均勻混
　　合後再朝反方向轉動調理碗，繼
　　續攪拌混合。

> **point**
>
> 製作麵團時，一定要事先將粉類混
> 合在一起後，再放入已裝好水的調理
> 碗中。若反過來用水加入粉中，容易
> 形成結塊，無法攪拌均勻。和左頁的
> 湯種製作過程正好相反。

7　待粉類與水混合均勻後，加入**4**的
　　湯種，拉起麵團兩端，以朝中央包
　　起的手勢揉起麵團，將麵團與湯
　　種揉在一起。

8　將麵團移至撒上少許麵粉的工作
　　檯上，以手掌靠近手腕處用力揉
　　搓麵團，朝檯面前方盡可能搓出
　　去，再揉回來。如此反覆約20次。

> **point**
>
> 用手掌靠近手腕的部分施力，盡量將
> 麵團朝前方揉搓推出，動作要確實。

21

摔打揉麵‧
一次發酵

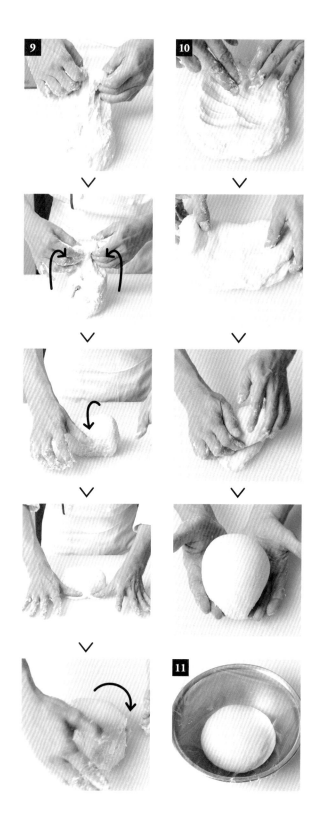

9 在麵團上撒一點麵粉，反覆摔打揉麵約150次（5～10分鐘）。用雙手舉起麵團，朝檯面上摔打，再從內側往外折，旋轉90度後再次摔打。重複此步驟，直到麵團摸起來不再有粗糙的粉末感。

> **point**
>
> 摔打揉麵時，一邊用力摔打麵團，使其拉長，一邊將拉長的麵團朝前方集中揉搓。折起麵團時的要領，也是一邊拉長麵團一邊折起。

10 將恢復常溫的奶油放在麵團上，用指尖推開，再用麵團將奶油包起。對折2～3次，使奶油和麵團融合。接著再用**9**的方式摔打揉麵約100次，直到麵團不再黏手。第四張圖是完成摔打揉麵後的麵團，看得出表面呈現柔順平滑狀。

11 將表面光滑緊繃的麵團移到調理碗內，測量揉好的麵團溫度（參照P.12），超過28℃即可。蓋上保鮮膜，放置室溫下進行約60分鐘的一次發酵。圖為發酵後的麵團，目測約膨脹至兩倍大就算成功。

> **point**
>
> 冬天室溫較低時，需將麵團放在超過20℃的地方。可將烤箱稍微加熱後，再將麵團置入其中。

是否能順利烤出吐司，
關鍵在於摔打揉麵與發酵。

決定吐司口感的關鍵，在於麵粉中蛋白質內含的「麩質蛋白」。只要麩質蛋白為麵團保留充足的水分，麵團就會具備延展力，形成Q彈紮實地口感。想要達到這一點，靠的是紮紮實實地摔打揉麵。不光是舉起麵團朝檯面上摔就好，請用雙手拿穩麵團，朝檯面摔打後再次拉回揉搓。如此一來，雙手可以感覺得到在摔打揉麵的過程中，麵團愈來愈有韌性。需要注意的是，摔打揉麵的過程會造成不小的噪音，不適合在深夜進行。

判斷摔打揉麵完成的依據，就是觀察麵團表面是否還有殘餘粉粒結塊。當麵團表面呈平滑狀時，就表示可停止摔打揉麵了。此時用雙手揉圓麵團，表面將如覆蓋了一層緊繃的薄膜般柔順光滑。若表面仍殘留粉粒結塊，或是出現龜裂，那就表示揉麵不夠徹底。在家做麵包揉麵時，通常只會揉麵不足，不大可能摔打過度或搓揉過度，因此，請加把勁，多重複幾次摔打揉麵的步驟。烤好後角度分明，連麵包邊都富有嚼勁，這就是我理想中的吐司。想烤出這樣的吐司，揉麵的成功與否，可說佔了百分之八十以上的重要性。

此外，麵團的溫度也很重要。在寒冷季節做麵包時，請不要忘記提高室內溫度，也可用加熱調理碗的方式，來調節麵團的溫度。現在幾乎所有烤箱都具備發酵機能，發酵時可以多加利用。如果您使用的烤箱無此機能，可在烤箱內部四個角落各放一個裝有熱水的杯子，再將麵團放入發酵。當麵團膨脹至兩倍大，就表示一次發酵順利完成。發酵後用拳頭輕敲麵團，擠出多餘氣體，並靜置一段時間醒麵，這些都是不可或缺的步驟。因為麵團敲打過後，麩質蛋白會呈現收縮狀態，必須靜置一段時間使其恢復。書中提及的揉麵與發酵時間僅供參考，請配合手中麵團的狀態慢慢發酵，不可心急。

一次發酵
（第二次）

12 將麵團移到撒上一點麵粉的檯面上。用手心按壓麵團，釋放多餘氣體，將麵團壓擀成圓餅狀。

13 將麵團由內朝外折疊為半月形，再對折一次，從上往下按壓，從角落拉起麵團，將整個麵團包住、揉圓，再移入調理碗。

> **point**
> 揉圓麵團時，表面要如覆蓋一層薄膜般平滑。

14 蓋上保鮮膜，靜置於室溫下進行約30分鐘的一次發酵。第二張圖為發酵結束後的麵團。

15 戳洞測試（參照P.12），確認麵團發酵的程度。

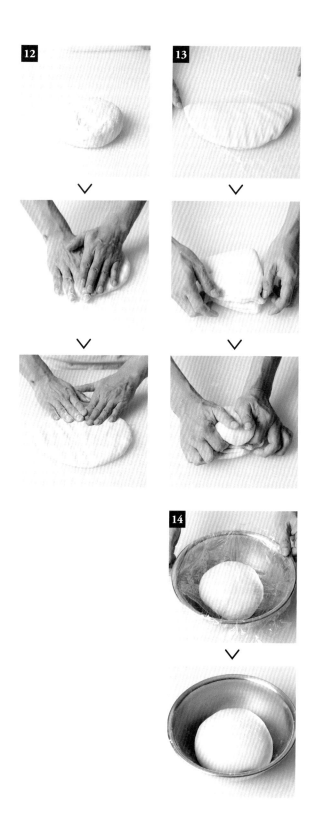

切分 · 塑形 · 靜置醒麵

16 將麵團移到撒上麵粉的檯面上，用切麵刀朝麵團中央切開一道口，麵團向左右兩邊攤開成棒狀。切分出2個225g的麵團（剩下的麵團可用來做花式麵包）。

> **point**
>
> 盡量減少切分的次數，從剩下較大塊的麵團切下多餘部分。

17 在切分好的麵團上撒麵粉，用雙手夾住麵團搓揉，使表面平滑緊繃。兩個麵團都揉圓後，放置室溫下醒麵20分鐘。

18 在麵團上撒麵粉，用手心輕拍麵團，拍出多餘氣體，對折後擀成長方形。

19 將麵團從上、下兩端各往中心折，最後再從對側往自己的方向對折。雙手滾動麵團，將棒狀麵團搓長，用手指壓平接縫處與兩端，使麵團閉合。

20 在麵團上撒麵粉，用擀麵棍從靠近自己的一側往外擀一個來回，將麵團擀平。

21 從靠近自己的一側往外捲起麵團，捲好後的接縫以手指壓平使其閉合，將麵團調整為捲麵包的形狀。另一個麵團也以相同方法塑形。

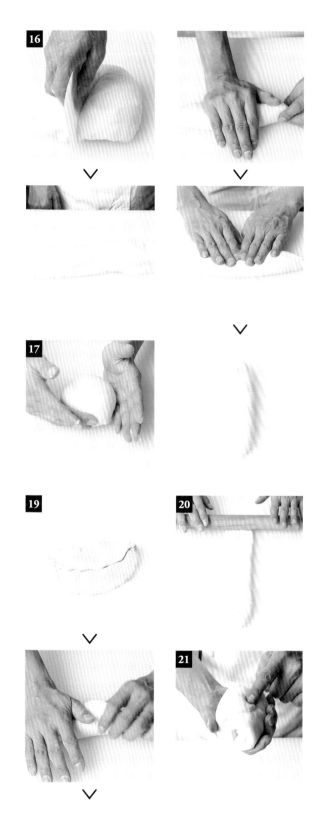

二次發酵程序·
烘烤

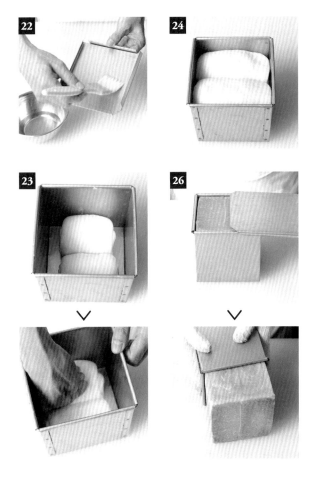

22 在烤模內側塗上一層沙拉油(不包含於材料份量內)。蓋子內側等會接觸到麵團的部位都要塗滿。

> **point**
>
> 第一次使用的烤模,請先空燒一次再使用。沒有經過空燒的烤模,會跟麵團分離(參照P.14)。

23 麵團最後捲起的閉合處朝下,並排放在烤模中央。從上往下輕輕按壓麵團,使其與烤模黏合。

24 二次發酵程序約需60〜70分鐘。圖為剛結束二次發酵時的麵團,只要膨脹至烤模九分滿的程度就沒問題。請以200〜210℃預熱烤箱。

> **point**
>
> 二次發酵(參照P.13)因為是最後的發酵,必須保持良好的溫度與溼度,讓麵團確實膨脹。若發酵不完全,就無法烤出漂亮的邊角。若麵團不夠膨脹,請視情況延長二次發酵的時間。

25 蓋上烤模上蓋,放入200〜210℃的烤箱,約烤30〜40分鐘。

26 烤好後打開上蓋,立刻拿起烤模在檯面上敲幾下,取出麵包。

令人期待打開蓋子的瞬間，
就是烤吐司的樂趣。

切分的次數請盡量減少。最好是從一個麵團上，盡可能切取最大體積使用，與其切下幾個小麵團整合成一個大麵團，不如從一個大麵團上切下多餘部分，如此一來，發酵時才會均勻膨脹。切分後，需要靜置一段時間醒麵。被手碰觸過的麵團，麩質蛋白的延展狀態變弱，若在這時直接塑形，膨脹的效果並不佳。

將塑形後的麵團放入烤模，進行最後發酵的程序，又稱為「二次發酵」或「最終發酵」。為了讓麵團在塑形過程中逸失的氣體復活，這是必要程序。和在室溫中進行的一次發酵不同，這時最重要的是確保一定的溼度與溫度，讓麵團確實發酵。目測麵團膨脹至烤模九分滿時，二次發酵就算完成。若在膨脹程度不足的狀態下直接烘烤，將無法烤出美麗的角度，變成俗稱的「光頭吐司」。所以，請耐心等候發酵完成吧。

吐司從烤箱拿出到打開蓋子，中間這段時間並無法確認烘烤的結果如何。同時，一旦將蓋子打開了，即使色澤烤得不美也無法重新烤過。烤模一從烤箱中取出，就要立刻在工作檯上敲幾下，將麵包取出來。這是因為，若烤好的麵包沒有馬上取出，或是取出的速度太慢，都會造成表面逐漸陷進去的「中央凹陷」狀態。出爐時馬上對烤模施以撞擊，為的是讓外面的冷空氣與烤模內的熱空氣對流，如此一來，即使放涼也不容易凹陷。

這次我使用的烤模跟平時在店裡習慣用的烤模不一樣，最初幾次，當我烤好吐司，要將蓋子打開的瞬間，總是忐忑不安地想著：「到底能不能烤出有漂亮角度和色澤的麵包呢？」儘管至今早已烤過幾萬次麵包，使用從沒試過的烤具或食材時，還是不免一陣緊張。按照步驟一一往下做，將麵包烤好，打開蓋子的瞬間，那一絲絲的緊張感，也是烤吐司的樂趣之一，請各位務必盡情享受。

小圓麵包

熱狗麵包

28

剩餘麵團
做花式麵包

將多餘的麵團揉圓，烤出口感Q彈，
有著薄脆外皮與輕柔口感的麵包。
和方形吐司嚐起來味道又不同，
是能品嚐樸實滋味的餐點麵包。

小圓麵包

材料（1個份）

方形吐司或Pullman Bread的麵團…約50g

1 在製作方形吐司的步驟**16**（參照P.25）
中，若有多餘的麵團，就拿來使用。和步
驟**17**一樣，揉圓麵團後醒麵20分鐘。

2 用手心滾動麵團揉圓，進行二次發酵程
序60～70分鐘。此時烤箱先以200～
210℃預熱。

3 用剪刀剪出十字，以噴霧器將麵團表面
充分噴溼，放入200～210℃的烤箱，烤
20分鐘即可。

熱狗麵包

材料（1個份）

方形吐司或Pullman Bread的麵團…約50g

1 在製作方形吐司的步驟**16**（參照P.25）
中，若有多餘的麵團，就拿來使用。和步
驟**17**一樣，揉圓麵團後醒麵20分鐘。

2 用手心輕輕拍打麵團，拍出內含的多餘
氣體，將麵團擀平。

3 參照做方形吐司的步驟**19**折疊麵團，再
滾成棒狀。接縫處朝下，塑形為約15cm
的橢圓長形（熱狗麵包的形狀），進行二
次發酵程序60～70分鐘。此時烤箱先以
200～210℃預熱。

4 用噴霧器將麵團表面充分噴溼，放入
200～210℃的烤箱，烤20分鐘即可。

英式吐司

長時間低溫發酵

> 作法請參照P.32

CENTRE
THE BAKERY

可品嚐到棍子麵包口感的
英式吐司

英式吐司是山形吐司的一種，其誕生由來有許多說法，不過，最常見的說法是，英國過去也和法國一樣習慣烤圓形的麵包，直到十五世紀左右，才出現使用烤模烤出的山形吐司。

和方形吐司相比，因為烤模沒有蓋子，所以烘烤時吐司麵團會盡情地向上膨脹，此外，酥脆的口感也是英式吐司的特色之一。英式吐司有著香酥的外皮與彈牙的內在，這種口感上的對比，和法國的棍子麵包確有其共通之處。

想要麵團盡情膨脹到超出烤模外，強勁的蛋白質是不可或缺的條件。因此，製作英式吐司時，我們使用的是最高筋麵粉。

CENTRE的英式吐司，使用將小麥天然香氣發揮到淋漓盡致的北美產麵粉。此外，為了凸顯棍子麵包的風味，以百分之十的比例，加入VIRON店內人氣商品「Retrodor棍子麵包」（譯註：Retrodor是法國進口，專作法國麵包的麵粉品牌）的麵團。我花費了好一番工夫才找出這個比例，若是比例太低，無法表現出Retrodor的特徵，比例太高的話，又會變得不像英式吐司了。但是，一般家庭烘焙要加入少量棍子麵包的麵團是很麻煩的事，因此，在此食譜中使用的配方，是市面上容易買到的最高筋麵粉品牌「Super King」，加上配方內含Retrodor麵粉的「La tradition française」麵粉，混合兩種麵粉使用。材料雖然和CENTRE店內使用的不同，依然能享用到烤過後的香酥口感。

因麵團中不加砂糖，油分比例也偏低，吃起來難免較乾，口味也容易偏淡。這方面的缺陷，就以加入奶粉和奶油，並醒麵一個晚上的「長時間低溫發酵法」來彌補。

英式吐司

材料（麵團量約440g，195x95x95mm的烤模1條份）

	份量	烘焙百分比
Super King麵粉	270g	90%
La tradition française麵粉	30g	10%
鹽	6g	2%
奶粉	24g	8%
即溶酵母粉	3g	1%
無鹽奶油	12g	4%
麥芽精	6g	2%
水	234g	78%

作法

製作麵團

1　先取一點份量內的水溶解麥芽精，再加入剩下的水。

2　在另一個碗中依序放入麵粉、奶粉、鹽、即溶酵母粉，攪拌均勻。這時請不要讓鹽與即溶酵母粉直接接觸。

3　在**1**中放入**2**，一邊朝自己的方向轉動調理碗，一邊用手指混合水與粉類，均勻混合後再朝反方向轉動調理碗，繼續攪拌混合。

一次發酵

4 麵團揉勻後,放上恢復常溫的奶油,用手指推開,由外側抓起麵團邊緣,將奶油包起來。

5 將麵團移到撒上麵粉的檯面上,以手掌靠近手腕處用力揉搓麵團,朝檯面前方盡可能搓出去,再揉回來。如此反覆約30次,使奶油和麵團合而為一。

6 按照方形吐司的步驟 **9**(參照P.22),反覆摔打揉麵約150次(5~10分鐘)。直到麵團摸起來不再有粗糙的粉末感即可。

7 將表面光滑緊繃的麵團移到調理碗內,測量揉好的麵團溫度(參照P.12),超過28℃即可。蓋上保鮮膜,放置室溫下進行約60分鐘的一次發酵。第二張圖為麵團發酵後的狀態,目測約膨脹至1.5倍大就算成功。

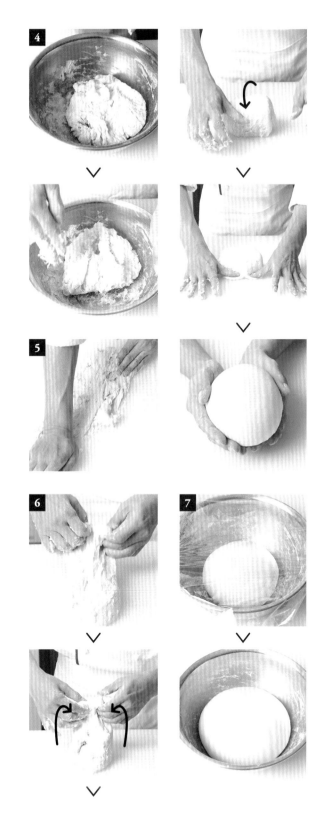

長時間
低溫發酵·
一次發酵（第二次）

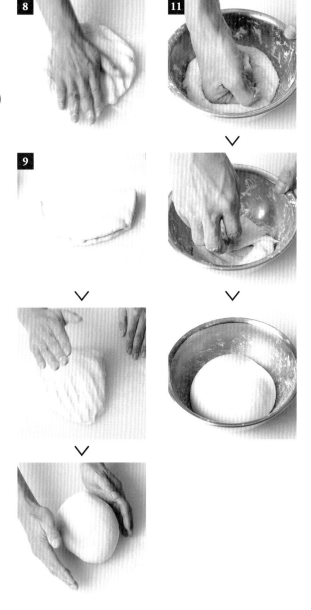

8　將麵團移到撒上一點麵粉的檯面上。用手心按壓麵團，釋放多餘氣體，並壓擀成圓餅狀。

9　將麵團由內朝外折疊為半月形，再對折一次，由上往下按壓，從角落拉起麵團，將整個麵團包住、揉圓，再移入調理碗。蓋上保鮮膜，放入冰箱冷藏室（6～8℃）靜置一個晚上（超過12小時），進行長時間低溫發酵。

> **point**
> 這時可使用塑膠碗，防止麵團過冷。

10　從冰箱取出麵團，放置1小時，使其恢復常溫。

11　用拳頭按壓麵團，釋放多餘氣體。抓起麵團邊緣往中央處折疊（一邊轉動調理碗一圈）。蓋上保鮮膜，在室溫中進行30分鐘的一次發酵。第三張圖片為發酵後麵團的狀態。

12　戳洞測試（參照P.12），確認麵團發酵的程度。

用長時間低溫發酵法
慢慢發酵的理由

英式吐司最大的特點，就是烤過之後的香酥口感。為此，麵團中不能加入砂糖。正因為是不帶甜味的樸質滋味，最適合用來製作外皮烤得微微酥焦的BLT三明治或炸豬排三明治，特別能襯托夾餡食材的美味。此外，抹上甜甜的果醬又是另一種絕配。同樣的英式吐司，可以享受到各種不同滋味。

然而，不加砂糖的麵團酵母不易發酵，加入麥芽精就是為了彌補發酵勁道的不足。麥芽精中的麥芽成分能提供酵母養分，提高麵團延展力，還能為烤出的吐司增添風味和色澤。

由於使用的是蛋白質成分強的麵粉，麩質蛋白結構容易受到破壞，經過一次發酵的麵團必須放在冰箱裡一個晚上，進行「長時間低溫發酵」，用這種方式慢慢促進發酵。藉由長時間的緩慢發酵，麩質也得以好好延展。

隔天，從冰箱裡取出的麵團，請一定要先靜置，恢復常溫後再使用。英式吐司需要的發酵次數雖然較多，製作過程花費的時間也長，但是這些繁複的程序正是換來美味麵包的重點。

附帶一提，CENTRE的英式吐司麵團中，混入前一天在VIRON店內準備好的Retrodor麵團，揉麵後再靜置一個晚上醒麵。換句話說，從開始準備到烘烤出爐，需要花費三天時間。我認為，正因不辭辛勞地花費了時間與精力，CENTRE的英式吐司才會受到這麼多人喜愛與支持。有興趣的讀者可參照本人所著《自家烘焙5星級法國麵包！東京人氣名店VIRONの私房食譜大公開》書中介紹的Retrodor麵團製作方式，試著在英式吐司的麵團中，加入10%（計算烘焙百分比時的比例）的Retrodor麵團烤烤看，想必能夠做出更接近本店麵包的味道。

切分・塑形・
静置醒麵

13 將麵團移到撒上麵粉的檯面上，用切麵刀朝麵團中央切開一道口，麵團向左右兩邊攤開成棒狀。切分出2個220g的麵團（剩下的麵團可用來做花式麵包）。

14 在切分好的麵團上撒麵粉，用雙手夾住麵團搓揉，使表面平滑緊繃。兩個麵團都揉圓後，放置室溫下醒麵20分鐘。

15 在麵團上撒麵粉，用手心輕拍麵團，拍出多餘氣體，對折後擀成長方形。

16 將麵團從上下兩端各往中心折，最後再從對側往自己的方向對折。雙手滾動麵團，將棒狀麵團搓長，用手指壓平接縫處與兩端，使麵團閉合。

17 在麵團上撒麵粉，用擀麵棍從靠近自己的一側往外擀一個來回，將麵團擀平。

18 從靠近自己的一側往外捲起麵團，捲好後的接縫以手指壓平，使其閉合，將麵團調整為捲麵包的形狀。另一個麵團也以相同方法塑形。

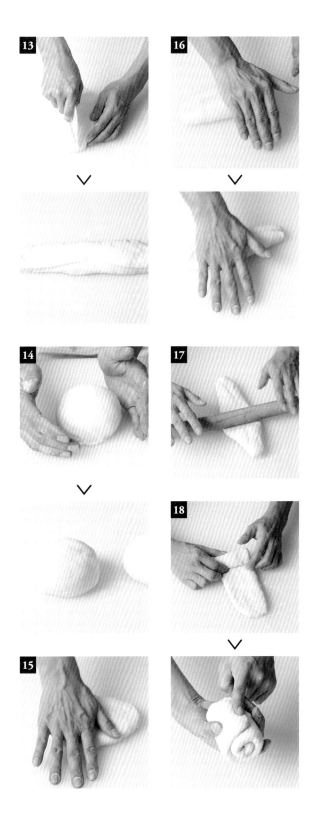

看到麵團膨脹滿整個烤模，
就是烤英式吐司的樂趣。

切分麵團、醒麵、塑形再醒麵……製作麵包的手續真的很繁雜瑣碎。尤其是英式吐司，如果麵團無法在烤模內盡情膨脹，完成後的麵包將無法品嚐到獨特的香酥口感，以及具有彈性的韌度。所以，製作英式吐司前，一定要先學會箇中訣竅。切分麵團及塑形的步驟，與方形吐司大同小異，以下就讓我詳細敘述重點所在吧。

用擀麵棍將切分好的麵團擀平，摔打幾次後塑形為捲麵包狀，這麼做是為了讓麵團的延展性更好。在方形吐司食譜中，我們將兩個麵團緊密並排放入烤模中央，但是在製作英式吐司時，為了不讓兩個麵團彼此妨礙膨脹時的空間，放入烤模時，麵團與麵團、麵團與烤模間都要空出一定間隔。

目測麵團膨脹至烤模九分滿時，就表示二次發酵即將結束。另外，在將麵團放入烤模前，請先用噴霧器將麵團表面充分噴溼。因為英式吐司的烤模沒有上蓋，在烘烤的過程中，麵團容易乾燥變硬，在烤英式吐司這類山形麵包時，千萬不可忘記此一步驟。

烤英式吐司時，由於沒有上蓋，可以隔著烤箱，從外確認麵團烘烤膨脹的狀況。只要看到麵團烤出漂亮的金黃色，即使還未達到食譜上寫的烘烤時間，也可提早取出。相對地，若時間到了，卻還沒烤出漂亮色澤，就延長烘烤時間。從烤箱中取出烤模後，立刻在工作檯上敲幾下，隨即倒出麵包，這裡的步驟和方形吐司相同。

和看不到烤模內狀況的方形吐司不同，一邊等待出爐，一邊觀察吐司外皮烘烤的色澤轉變，這也是烤英式吐司時的樂趣之一。

二次發酵程序・烘烤

19 在烤模內側塗滿一層沙拉油（不包含於材料份量內）。

20 將麵團最後捲起的閉合處朝下，放在烤模中，並留出等距間隔，進行二次發酵約60～70分鐘。第二張圖為剛結束二次發酵時的麵團，只要膨脹至烤模九分滿的程度就沒問題。以200～210℃預熱烤箱。

> **point**
>
> 在麵團與麵團、麵團與烤模之間空出等距間隔，目的是為了使其均等膨脹。如此一來，就能烤出漂亮完整的山形。若將麵團緊密貼合排放於烤模中央，烤出的山形會變形扭曲，麵團受到擠壓也會使膨脹不均勻，吃來口感不一。

21 用噴霧器將麵團表面充分噴溼，放入200～210℃的烤箱，烤30～40分鐘。

> **point**
>
> 烤模沒有上蓋的山形麵包，烘烤時麵團容易乾燥，使表皮變硬，所以要事先噴水。

22 烤好後，立刻拿起烤模在檯面上敲幾下，取出麵包。

\用英式吐司的/
剩餘麵團
做花式麵包

外皮酥脆，內在綿密Q彈。
烤成圓形麵包後，與英式吐司麵團相比，
口感更紮實，吃來更有嚼勁。

小圓麵包

材料（1個份）
英式吐司的麵團…約55g

1　在製作英式吐司的步驟**13**（參照P.36）
　　中，若有多餘的麵團，就拿來使用。和步
　　驟**14**一樣，揉圓麵團後醒麵20分鐘。

2　和P.29利用方形吐司的剩餘麵團一樣，先
　　將麵團塑形為小圓麵包用的麵團，進行
　　二次發酵程序60～70分鐘。此時烤箱先
　　以200～210℃預熱。

3　用剪刀從斜角45度深入麵團剪一道開
　　口，放入200～210℃的烤箱，烤20分鐘
　　即可。

熱狗麵包

材料（1個份）
英式吐司的麵團…約55g

1　在製作英式吐司的步驟**13**（參照P.36）
　　中，若有多餘的麵團，就拿來使用。和步
　　驟**14**一樣，揉圓麵團後醒麵20分鐘。

2　和P.29利用方形吐司的剩餘麵團一樣，先
　　將麵團塑形為熱狗麵包用的麵團，進行
　　二次發酵程序60～70分鐘。此時烤箱先
　　以200～210℃預熱。

3　在麵團表面垂直劃開一個切口，用噴霧
　　器將麵團表面充分噴溼，放入200～
　　210℃的烤箱，烤20分鐘即可。

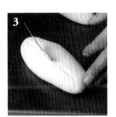

葡萄乾吐司

50%中種製法

> 作法請參照P.42

CENTRE
THE BAKERY

製作口感紮實的
美味葡萄乾吐司

「我喜歡吃葡萄乾麵包，可是不喜歡那種乾巴巴的口感……」你是否也有過這種想法？葡萄乾麵包之所以會乾燥難以下嚥，是因為材料中的葡萄乾奪去了麵團的水分，而糖分也容易吸收水分，使麵團更加乾燥。想要解決這個問題，可以用材料中一部分的水與麵粉混合酵母揉麵，預先發酵做為「中種」使用。將麵粉分成兩半，一半製成中種、一半直接揉麵，這種作法稱為「50%中種製法」。將剩下的材料加在一起後，再揉一次麵團，此時，水粉徹底融合的中種發揮作用，使烤成的麵包口感紮實溼潤，美味可持續更久。另外，事先將葡萄乾蒸過一次再使用，也是預防麵團被奪走水分而變乾的方法。

過去，這種中種製法，以及方形吐司和Pullman Bread食譜中，介紹到的湯種製法，

都是製麵包時普遍使用的麵種。和現在相比，過去麵粉的品質較差，必須以加入麵種的方式來彌補。或許因為許多麵包店的麵包都是前一天在工廠製作，隔天才配送到店頭販售，使用這種方法製作的麵包，可以維持兩、三天不改變滋味，因而廣受愛用吧。

最近，麵粉的品質提昇不少，製法也更上一層樓，為了縮短製造流程，不需事前發酵的「直接製法」成為主流。即使如此，我仍推薦會花上一些時間與手續的方式，因為加入麵種烤出的麵包特別美味，只要吃過就能明白。就算放到第二天，麵包依然不失紮實綿密的口感。

既然都要自己親手做了，一定想做出更好吃的麵包吧！如果您也這樣想，請務必試試以下介紹的中種製法。

葡萄乾吐司

材料（麵團量約560g，195x95x95mm的烤模1條份）

中種

中種	份量	烘焙百分比
Super King 麵粉	125g	50%
即溶酵母粉（耐糖性）	3g	1.2%
牛奶	100g	40%

Super King 麵粉	125g	50%
砂糖	50g	20%
鹽	5g	2%
全蛋	50g	20%
杏仁粉	25g	10%
無鹽奶油	30g	12%
牛奶	60g	24%
葡萄乾	250g	100%
中種	事前準備好的份量全部	

作法

製作中種

1 在調理碗中，放入麵粉與酵母粉並混合。將材料中的牛奶倒入另一個調理碗，再將混合好的粉類加入其中，一邊朝自己的方向轉動調理碗，一邊用手指混合牛奶與粉類。

2 均勻混合後再朝反方向轉動調理碗，繼續攪拌。大致混合均勻後，以五指抓住麵團搓捏的手勢，揉捏10次左右。

3 將中種移至撒上少許麵粉的工作檯上，以手掌靠近手腕處用力揉搓，朝檯面前方盡可能搓出去，再揉回來，如此反覆約50次。只要麵團大致揉合就算完成，即使表面殘留一些結塊殘粉也沒有關係。

4 將中種麵團移至碗內，蓋上保鮮膜，放在室溫中發酵約60分鐘。表面呈柔滑狀態且膨脹為約兩倍大即可。

上／中種的材料，下／麵團的材料。

有點「頑固」的中種，
該如何聰明使用？

製作含糖分較多的麵團時，需準備耐糖性的酵母。判斷麵團糖分高低的訣竅，就是看烘焙百分比中，砂糖是否超過10%。糖分雖是酵母發酵時的必須成分，當糖分太多時，又會因滲透壓而造成酵母死亡，致使發酵力減弱。這就是為什麼含糖量高的麵團不容易膨脹的緣故。

耐糖性酵母對糖分的抵抗力強，可用在咖啡麵包、黑糖麵包、蜂蜜麵包等口味偏甜的麵包上，也可用來製作含油脂成分較高的麵包。即使製作的是吐司或英式吐司這類樸實清淡的麵包，耐糖性酵母也可發揮和一般酵母相同的作用，所以是可以兼用的。

和湯種比起來，中種質地較硬，或許讓人感覺不容易揉勻。揉中種麵團的重點是，當粉類與水混合後，便用手指與手心抓住麵團，以像要捏扁東西般的手勢搓揉麵團。只要感覺麵團大致揉成一塊就可以了，表面若有殘粉或結塊，可不必在意。

在麵團裡加入蛋，是因蛋黃具有保溼效果，蛋白則能引出酥薄口感。以本店的麵包來說，會視麵包種類不同調整蛋的使用方式，有的只用蛋黃，有的只用蛋白。加入杏仁粉也是為了提高保溼效果，除此之外，還能增添堅果類的風味，並加深香醇度，做出的麵包具有滋味豐富的特徵。本店用杏仁糖（Marzipan）代替杏仁粉，除了做麵包之外，也方便製作甜點。

製作麵團·
摔打揉麵

5 葡萄乾用蒸籠蒸15分鐘。

6 在調理碗中放入麵粉、鹽、砂糖與
杏仁粉，混合攪拌。在按照份量加
入牛奶的調理碗中打蛋，將剛才混
合的粉類先加入一半。用手指混合
攪拌，直到所有粉類與牛奶溶合。

7 加入中種，將四根手指插入麵團
中攪拌，直到麵團與中種完全合
而為一。

8 將麵團移至撒上少許麵粉的工作
檯上，以手掌靠近手腕處用力揉搓
麵團，朝檯面前方盡可能搓出去，
再揉回來，如此反覆揉麵約50次。

9 用製作方形吐司的步驟**9**（參照
P.22）時，相同的方式摔打揉麵約
100次（5分鐘左右），直到麵團摸
起來不再有粗糙的粉末感。

10 用麵團將恢復常溫的奶油包起，
使奶油和麵團融合。再摔打揉麵
約100次，直到麵團不再黏手。

11 在麵團上撒些麵粉。用擀麵棍擀
成1cm厚的麵皮，放上一半份量的
葡萄乾。從上方輕壓葡萄乾，對折
麵皮兩次後再擀平。重複幾次折
疊麵皮與擀平的步驟，直到葡萄
乾均勻擀入麵團中。

12 再次擀平麵團，加入剩下的葡萄
乾。按照步驟**11**的要領，將葡萄乾
均勻擀入麵團中。

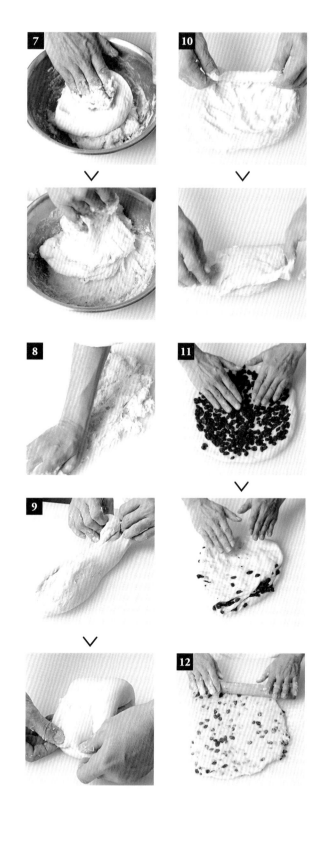

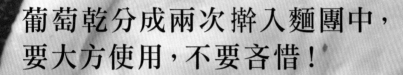

葡萄乾分成兩次擀入麵團中，
要大方使用，不要吝惜！

　　食譜中提到，將與麵粉同等份量的葡萄乾擀入麵團中。比方說，討厭吃葡萄乾的人就不會選葡萄乾麵包，討厭吃起士的人就不會選擇加入起士的麵包。會選擇加入某種食材的麵包，就表示喜歡吃這種食材。既然如此，在用量上請「大方使用，不要吝惜」吧！這就是我製作食譜的信條。我所構思的葡萄吐司食譜，是能配合紮實綿密的口感，嚐到滿滿葡萄乾美味的配方。

　　不過，將乾燥狀態的葡萄乾直接拿來使用，會不斷奪走麵團中的水分，使麵包吃起來乾硬難以下嚥。為了讓葡萄乾吐司的口感變好，在開始製作麵包之前，先將葡萄乾用蒸籠蒸約10～15分鐘，直到葡萄乾恢復如耳垂般的柔軟度。雖然泡水30分鐘也能達到同樣效果，只是那麼一來，不但葡萄乾的甜度會流失，在切分麵團與塑形的過程中，更會造成泡軟的葡萄皮破裂或葡萄乾破碎的缺點。

　　在經過仔細捶打揉麵而完成的麵團中加入葡萄乾，第一次先加入一半份量，對折麵皮後，用擀麵棍輕壓擀平，等葡萄乾均勻擀入麵團後，再將剩下的一半加入，用同樣的方式混合。在這個階段大力揉麵，會導致葡萄乾破裂，請用溫柔的力道擀平麵團。

　　含有較多糖分的麵包，在烘烤過程中，山形頂端部分容易烤焦，請不時留意烤箱中的烘烤情形，不要烤過頭了。亦可在麵團頂端放上一些泡過水的杏仁片，除了防止麵團烤焦外，還能增添堅果香氣，讓麵包更美味。

一次發酵・
切分・
醒麵・塑形

13 折疊麵團，揉成捲麵包狀，麵團最後捲起的閉合處朝下，移入調理碗中。測量揉好的麵團溫度（參照P.12），只要超過28℃即可。蓋上保鮮膜，在室溫中進行約20分鐘的一次發酵。第三張圖片是發酵後的麵團，目測膨脹至兩倍大就算完成發酵。

> **point**
>
> 使用中種製法的麵包，在製作中種時已充分發酵過，所以一次發酵的時間比其他製法短。

14 將麵團移到撒上麵粉的工作檯上，用切麵刀朝麵團中央切開一道口，麵團向左右兩邊攤開成棒狀。切分出2個280g的麵團（剩下的麵團可用來做花式麵包）。

15 在切分好的麵團上撒麵粉，用雙手夾住麵團搓揉，使表面平滑緊繃。兩個麵團都揉圓後，放置室溫下醒麵20分鐘。

16 在麵團上撒麵粉，用手心輕拍麵團，拍出多餘氣體，對折後擀成長方形。

17 將麵團從上下兩端各往中心折，最後再從對側往自己的方向對折。雙手滾動麵團，將棒狀麵團搓長，用手指壓平接縫處與兩端，使麵團閉合。

18 用擀麵棍從靠近自己的一側往外擀一個來回，將麵團擀平。

19 從靠近自己的一側往外捲起麵團，捲好後的接縫用手指壓平，使其閉合並塑形。另一個麵團也以相同方法塑形。

二次發酵程序‧烘烤

20 在烤模內側塗上一層沙拉油（不包含於材料份量內）。

21 麵團最後捲起的閉合處朝下，將麵團以等距間隔方式排放，並進行二次發酵約60〜70分鐘。第二張圖為剛結束二次發酵時的麵團，只要膨脹至烤模九分滿的程度就沒問題。以200〜210℃預熱烤箱。

22 用噴霧器將麵團表面充分噴溼，放入200〜210℃的烤箱，烤30〜35分鐘。

> **point**
> 烤模不加上蓋的山形麵包，由於麵團容易乾燥而使表皮變硬，在烘烤前要事先噴溼麵團。

23 烤好後，立刻拿起烤模在檯面上敲幾下，取出麵包。

\ 用葡萄乾吐司的 /
剩餘麵團
做花式麵包

由於麵團中加入大量葡萄乾,
剩餘麵團的份量也較多。
可以嚐到比烤模烤出的麵包更紮實的口感。
試著挑戰各種花式麵包吧!

捲麵包

材料(1個份)

葡萄乾吐司的麵團…約65g

1　在製作葡萄乾吐司的步驟**14**(參照P.46)
　　中,若有多餘的麵團,就拿來使用。和步
　　驟**15**一樣,揉圓麵團後醒麵20分鐘。

2　用手心壓平麵團,折成三折,用雙手滾動
　　麵團搓成棒狀。這時將麵團一端搓細。

3　用**擀**麵棍將麵團**擀**平,從較寬的那端捲
　　起麵皮,最後捲起的閉合處朝下,進行二
　　次發酵程序60～70分鐘。此時烤箱先以
　　200～210℃預熱。

4　用噴霧器將麵團表面充分噴溼,放入
　　200～210℃的烤箱,烤20分鐘即可。

辮子麵包

材料(1個份)

葡萄乾吐司的麵團…約90g

1　在製作葡萄乾吐司的步驟**14**(參照P.46)
　　中,若有多餘的麵團,就拿來使用。和步
　　驟**15**一樣,揉圓麵團後醒麵20分鐘。

2　用切麵刀將麵團切為三等分,分別用雙
　　手搓揉麵團,使成18cm的棒狀。這時請
　　將麵團兩端搓細。

3　將三條麵團並排,從中間開始編成麻花
　　辮,翻面繼續編完,兩端仔細捏緊,使麵
　　團黏合。進行二次發酵程序約60～70分
　　鐘,此時烤箱先以200～210℃預熱。

4　用噴霧器將麵團表面充分噴溼,放入
　　200～210℃的烤箱,烤20分鐘即可。

Chapter

2

各種口味的
花式吐司

本章將應用Chapter 1中提到的三種製法，介紹專為本書
構思的多種獨創花式吐司食譜。考慮到麵粉的種類與配
方，以及與加入食材之間的均衡拿捏，完成「最好吃」的
吐司食譜。有的可以當正餐，有的可以當甜點，請您也試
著隨自己的口味喜好，嘗試挑戰吧！

黑麥吐司 湯種製法

特徵為帶有淡淡酸味，滋味樸素的吐司麵包。
直接吃當然也很好吃，
烤過後更是香酥美味，風味醇厚。

材料（麵團量約470g，134x152x131mm的帶蓋烤模1條份）

湯種	份量	烘焙百分比
日清山茶花麵粉	50g	20%
砂糖	5g	2%
鹽	5g	2%
熱水	50g	20%

前一天先準備好

日清山茶花麵粉	125g	50%
黑麥130型麵粉	75g	30%
砂糖	15g	6%
奶粉	15g	6%
即溶酵母粉	3g	1.2%
無鹽奶油	15g	6%
水	165g	66%
湯種	前一天準備的份量全部	

法國產黑麥麵粉「黑麥130型」有溫和的酸味，完成的麵包口感輕柔。

作法

1 製作湯種
與製作方形吐司時，步驟 **1~4** 的相同方式（參照P.20）製作湯種，隔天使用。做好的湯種放在冰箱可保存三天。

2 製作麵團
在調理碗中放入粉類、砂糖、奶粉與酵母粉，並混合均勻。另一個調理碗放入材料份量中的水，將混合好的粉類加入並用手攪拌。大致混合均勻後，加入湯種繼續攪拌。將麵團移到撒上麵粉的工作檯上，朝檯面前方盡可能搓出去，再揉回來。如此反覆約20次。

3 摔打揉麵
同製作方形吐司的步驟 **9**（參照P.22），摔打揉麵約150次。加入恢復常溫的奶油，再繼續摔打揉麵約100次，使麵團呈現柔滑狀態。

4 一次發酵
麵團移到調理碗內，蓋上保鮮膜，在室溫下進行約60分鐘的一次發酵。結束後將麵團移至撒上麵粉的工作檯上，拍去多餘氣體，揉圓再擀平成麵皮。折疊麵皮再次揉圓，放回調理碗中。蓋上保鮮膜，在室溫中進行約30分鐘的一次發酵（第二次）。

5 切分・塑形・醒麵
將麵團移至撒上麵粉的工作檯上，用切麵刀切分出2個235g的麵團，揉圓後放置室溫下醒麵20分鐘。以製作方形吐司時，步驟 **18~21** 的相同方式（參照P.25），將麵團捲起塑形。

6 二次發酵程序
在烤模內側塗滿一層沙拉油（不包含於材料份量內），麵團最後捲起的閉合處朝下，並排放入烤模。進行60~70分鐘的二次發酵程序，目測麵團膨脹至烤模九分滿時即可。同時先將烤箱以200~210℃預熱。

7 烘烤
蓋上烤模上蓋，放入200~210℃的烤箱中烤30~40分鐘。完成後打開上蓋，立刻拿起烤模在檯面上敲幾下，取出麵包。

核桃吐司 湯種製法

加入滿滿核桃，愈是咀嚼，清甜與甘美的滋味愈是在口中擴散。
做成香酥的山形吐司，更能襯托出核桃耐嚼的口感。
用小烤箱微微烤酥，搭配蜂蜜與果醬享用。

材料（麵團量約480g，195x95x95mm的烤模1條份）

湯種	份量	烘焙百分比
日清山茶花麵粉	50g	20%
砂糖	5g	2%
鹽	5g	2%
熱水	50g	20%

前一天先準備好

	份量	烘焙百分比
夢之力特調麵粉	200g	80%
紅糖	30g	12%
楓糖	15g	6%
奶粉	10g	4%
即溶酵母粉	3g	1.2%
無鹽奶油	20g	8%
核桃		
水	125g	50%
湯種	前一天準備的份量全部	

作法

1 製作湯種
與製作方形吐司時，步驟 **1～4** 的相同方式（參照P.20）製作湯種，隔天使用。做好的湯種放在冰箱可保存三天。

2 製作麵團
在調理碗中放入麵粉、紅糖、奶粉與酵母粉，並混合均勻。另一個調理碗放入材料份量中的水與楓糖，將混合好的粉類加入並用手攪拌。大致混合均勻後，加入湯種繼續攪拌。將麵團移到撒上麵粉的工作檯上，朝檯面前方盡可能搓出去，再揉回來，如此反覆約20次。

3 摔打揉麵
同製作方形吐司的步驟 **9**（參照P.22），摔打揉麵約150次。加入恢復常溫的奶油，繼續摔打揉麵約50次，再加入核桃並摔打揉麵50次，使麵團呈現柔滑狀態。

4 一次發酵
麵團移到調理碗內，蓋上保鮮膜，在室溫下進行約60分鐘的一次發酵。結束後將麵團移至撒上麵粉的工作檯上，拍去多餘氣體，

揉圓再擀平成麵皮。折疊麵皮再次揉圓，放回調理碗中。蓋上保鮮膜，在室溫中進行約30分鐘的一次發酵（第二次）。

5 切分・塑形・醒麵
將麵團移至撒上麵粉的工作檯上，用切麵刀切分出2個240g的麵團，揉圓後放置室溫下醒麵20分鐘。以製作方形吐司時，步驟 **18～21** 的相同方式（參照P.25），將麵團捲起塑形。

6 二次發酵程序
在烤模內側塗滿一層沙拉油（不包含於材料份量內），麵團最後捲起的閉合處朝下，以等距間隔方式放入烤模。進行60～70分鐘的二次發酵程序，目測麵團膨脹至烤模九分滿時即可。同時先將烤箱以200～210℃預熱。

7 烘烤
用噴霧器充分噴溼麵團表面，放入200～210℃的烤箱中烤30～40分鐘。完成後立刻拿起烤模在檯面上敲幾下，取出麵包。

巧克力吐司

香甜鬆軟！能吃到濃濃巧克力美味的吐司麵包，
口感綿密，彷彿甜點一般，直接吃就很美味。
更建議配合甜口味的抹醬類，做成三明治。

材料（麵團量約500g，134x152x131mm的帶蓋烤模1條份）

巧克力鮮奶油（Ganache）

	份量	烘焙百分比
苦甜巧克力	100g	40%
鮮奶油	35g	14%
牛奶	25g	10%

日清山茶花麵粉	250g	100%
砂糖	35g	14%
鹽	5g	2%
即溶酵母粉（耐糖性）	4g	1.6%
無鹽奶油	15g	6%
牛奶	190g	76%
巧克力鮮奶油	準備好的份量全部	

作法

1 製作巧克力鮮奶油

在鍋中放入牛奶與鮮奶油，以小火加熱直到接近沸騰。分次逐量加入巧克力，用打蛋器攪拌溶解，放涼備用。

2 製作麵團

在調理碗中放入麵粉、砂糖、鹽與酵母粉，並混合均勻。另一個調理碗放入材料份量中的牛奶，將混合好的粉類加入並用手攪拌。加入1/3的 **1**，與麵團攪拌融合，剩下的 **1**，分次逐量加入，攪拌至麵團顏色均勻為止。將麵團移到撒上麵粉的工作檯上，朝檯面前方盡可能搓出去，再揉回來，如此反覆約20次。

3 摔打揉麵

同製作方形吐司的步驟 **9**（參照P.22），摔打揉麵約150次。加入恢復常溫的奶油，再繼續摔打揉麵約100次，使麵團呈現柔滑狀態（一開始較黏手，揉久麵團就會成型）。

4 一次發酵·長時間低溫發酵

麵團移到調理碗內，蓋上保鮮膜，在室溫下進行約60分鐘的一次發酵。結束後將麵團移至撒上麵粉的工作檯上，拍去多餘氣體，揉圓再擀平成麵皮。折疊麵皮再次揉圓，放回調理碗中。蓋上保鮮膜，放入冰箱冷藏室靜置一晚（至少12小時）。從冰箱取出後，放置1小時使其恢復常溫，拍去多餘氣體，再蓋上保鮮膜，進行約30分鐘的一次發酵（第二次）。

5 切分·塑形·醒麵

將麵團移至撒上麵粉的工作檯上，用切麵刀切分出2個250g的麵團，揉圓後放置室溫下醒麵20分鐘。以製作方形吐司時，步驟 **18～21** 的相同方式（參照P.25），將麵團捲起塑形。

6 二次發酵程序

在烤模內側塗滿一層沙拉油（不包含於材料份量內），麵團最後捲起的閉合處朝下，並排放入烤模。進行60～70分鐘的二次發酵程序，目測麵團膨脹至烤模九分滿時即可。同時先將烤箱以200～210℃預熱。

7 烘烤

蓋上烤模上蓋，放入200～210℃的烤箱中烤30～40分鐘。完成後立刻打開上蓋，拿起烤模在檯面上敲幾下，取出麵包。

全粒粉吐司 長時間低溫發酵

使用全粒粉做的麵包，口感容易乾硬，
花時間慢慢發酵，能讓麵團更溼潤紮實。
烤過後的全粒粉，香氣更佳。

材料（麵團量約470g，134x152x131mm的帶蓋烤模1條份）

	份量	烘焙百分比
日清山茶花麵粉	175g	70%
全粒粉	75g	30%
砂糖	15g	6%
鹽	5g	2%
奶粉	15g	6%
即溶酵母粉	3g	1.2%
全蛋	50g	20%
無鹽奶油	20g	8%
水	150g	60%

將全粒粉放在烤盤上，用
180℃烤10分鐘，放涼備
用。烤過的全粒粉香氣特別
出眾。

作法

1 製作麵團

在調理碗中放入粉類、砂糖、鹽、奶粉與酵
母粉，並混合均勻。另一個調理碗放入材料
份量中的水與蛋，將混合好的粉類加入並
用手攪拌。完成後，將麵團移到撒上麵粉
的工作檯上，朝檯面前方盡可能搓出去，再
揉回來，如此反覆約20次。

2 摔打揉麵

同製作方形吐司的步驟**9**（參照P.22），摔
打揉麵約150次。加入恢復常溫的奶油，再
繼續摔打揉麵約100次，使麵團呈現柔滑
狀態。

3 一次發酵·長時間低溫發酵

麵團移到調理碗內，蓋上保鮮膜，在室溫下
進行約60分鐘的一次發酵。結束後將麵團
移至撒上麵粉的工作檯上，拍去多餘氣體，
揉圓再擀平成麵皮。折疊麵皮再次揉圓，放
回調理碗中。蓋上保鮮膜，放入冰箱冷藏室
靜置一晚（至少12小時）。從冰箱取出後，
放置1小時使其恢復常溫，拍去多餘氣體，
再蓋上保鮮膜進行約30分鐘的一次發酵
（第二次）。

4 切分·塑形·醒麵

將麵團移至撒上麵粉的工作檯上，用切麵
刀切分出2個235g的麵團，揉圓後放置室
溫下醒麵20分鐘。以製作方形吐司時，步
驟**18~21**的相同方式（參照P.25），將麵團
捲起塑形。

5 二次發酵程序

在烤模內側塗滿一層沙拉油（不包含於材
料份量內），麵團最後捲起的閉合處朝下，
並排放入烤模。進行60~70分鐘的二次發
酵程序，目測麵團膨脹至烤模九分滿時即
可。同時先將烤箱以200~210℃預熱。

6 烘烤

蓋上烤模上蓋，放入200~210℃的烤箱
中，烤30~40分鐘。完成後立刻打開上
蓋，拿起烤模在檯面上敲幾下，取出麵包。

黑糖吐司 50%中種製法

深度醇厚的豐富風味，
是黑糖吐司的魅力所在。
溫潤的味道不過甜，吃再多也不會膩口。
山形吐司特有的香酥口感及撲鼻香氣，
都是值得細細品嚐之處。

材料（麵團量約440g，195x95x95mm的烤模1條份）

中種	份量	烘焙百分比
日清山茶花麵粉	125g	50%
即溶酵母粉（耐糖性）	3g	1.2%
牛奶	90g	36%

日清山茶花麵粉	125g	50%
黑砂糖	40g	16%
鹽	5g	2%
無鹽奶油	15g	6%
水	85g	34%
中種	準備好的份量全部	

作法

1 製作中種
以製作葡萄乾吐司時，步驟**1**～**4**的相同方式（參照P.42）製作中種，放在室溫中發酵約60分鐘。

2 製作麵團
在調理碗中放入麵粉、黑砂糖與鹽，並混合均勻。另一個調理碗放入材料份量中的水，將混合好的粉類加入並用手攪拌。大致混合均勻後，加入中種繼續攪拌。將麵團移到撒上麵粉的工作檯上，朝檯面前方盡可能搓出去，再揉回來，如此反覆約20次。

3 摔打揉麵
同製作方形吐司的步驟**9**（參照P.22），摔打揉麵約100次。加入恢復常溫的奶油，再繼續摔打揉麵約100次，使麵團呈現柔滑狀態。

4 一次發酵
將麵團揉圓，放入調理碗內，蓋上保鮮膜，進行約20分鐘的一次發酵。

5 切分·醒麵·塑形
將麵團移至撒上麵粉的工作檯上，用切麵刀切分出2個220g的麵團，揉圓後放置室溫下醒麵約20分鐘。以製作方形吐司時，步驟**18**～**21**的相同方式（參照P.25），將麵團捲起塑形。

6 二次發酵程序
在烤模內側塗滿一層沙拉油（不包含於材料份量內），麵團最後捲起的閉合處朝下，以等距間隔方式放入烤模。進行60～70分鐘的二次發酵程序，目測麵團膨脹至烤模九分滿時即可。同時先將烤箱以200～210℃預熱。

7 烘烤
用噴霧器充分噴溼麵團表面，放入200～210℃的烤箱中，烤30～40分鐘。完成後立刻拿起烤模在檯面上敲幾下，取出麵包。

咖啡吐司 `50%中種製法`

飄散咖啡香氣的麵包，除了當早餐外，
也很適合休息時間享用。
楓糖的香氣將麵包襯托得更加美味。

材料（麵團量約480g，195x95x95mm的烤模1條份）

中種	份量	烘焙百分比
日清山茶花麵粉	125g	50%
即溶酵母粉（耐糖性）	3g	1.2%
牛奶	90g	36%

	份量	烘焙百分比
日清山茶花麵粉	125g	50%
砂糖	5g	2%
鹽	5g	2%
奶粉	10g	4%
即溶咖啡粉	20g	8%
楓糖漿	40g	16%
無鹽奶油	20g	8%
水	85g	34%
中種	準備好的份量全部	

選擇粉狀的即溶咖
啡，易溶方便。楓糖
漿選自己喜歡的品牌
即可。

2

作法

1 製作中種
以製作葡萄乾吐司時，步驟 **1～4** 的相同方式（參照P.42）製作中種，放在室溫中發酵約60分鐘。

2 製作麵團
在調理碗中放入麵粉、砂糖、鹽、奶粉與咖啡粉，並混合均勻。另一個調理碗放入材料份量中的水與楓糖漿，將混合好的粉類加入並用手攪拌。大致混合均勻後，加入中種繼續攪拌。將麵團移到撒上麵粉的工作檯上，朝檯面前方盡可能搓出去，再揉回來，如此反覆約20次。

3 摔打揉麵
同製作方形吐司的步驟 **9**（參照P.22），摔打揉麵約100次。加入恢復常溫的奶油，再繼續摔打揉麵約100次，使麵團呈現柔滑狀態。

4 一次發酵
將麵團揉圓，放入調理碗內，蓋上保鮮膜，在室溫中進行約20分鐘的一次發酵。

5 切分‧醒麵‧塑形
將麵團移至撒上麵粉的工作檯上，用切麵刀切分出2個240g的麵團，揉圓後放置室溫下醒麵約20分鐘。以製作方形吐司時，步驟 **18～21** 的相同方式（參照P.25），將麵團捲起塑形。

6 二次發酵程序
在烤模內側塗滿一層沙拉油（不包含於材料份量內），麵團最後捲起的閉合處朝下，以等距間隔方式放入烤模。進行60～70分鐘的二次發酵程序，目測麵團膨脹至烤模九分滿時即可。同時先將烤箱以200～210℃預熱。

7 烘烤
用噴霧器充分噴溼麵團表面，放入200～210℃的烤箱中，烤30～40分鐘。完成後立刻拿起烤模在檯面上敲幾下，取出麵包。

蜂蜜吐司 `50%中種製法`

蜂蜜具有令麵團更溼潤綿密的效果。
烤熱來吃,從香酥的口感中,
滲出一股甜蜜香氣,是蜂蜜吐司的最大魅力。

材料(麵團量約440g,195x95x95mm的烤模1條份)

中種	份量	烘焙百分比
日清山茶花麵粉	125g	50%
即溶酵母粉(耐糖性)	3g	1.2%
牛乳	90g	36%

日清山茶花麵粉	125g	50%
砂糖	15g	6%
鹽	5g	2%
奶粉	5g	2%
蜂蜜	40g	16%
無鹽奶油	20g	8%
水	100g	40%
中種	準備好的份量全部	

作法

1　製作中種
以製作葡萄乾吐司時,步驟**1～4**的相同方式(參照P.42)製作中種,在室溫中發酵約60分鐘。

2　製作麵團
在調理碗中放入麵粉、砂糖、鹽與奶粉,並混合均勻。另一個調理碗放入材料份量中的水與蜂蜜,將混合好的粉類加入並用手攪拌。大致混合均勻後,加入中種繼續攪拌。將麵團移到撒上麵粉的工作檯上,朝檯面前方盡可能搓出去,再揉回來,如此反覆約20次。

3　摔打揉麵
同製作方形吐司的步驟**9**(參照P.22),摔打揉麵約100次。加入恢復常溫的奶油,再繼續摔打揉麵約100次,使麵團呈現柔滑狀態。

4　一次發酵
將麵團揉圓,放入調理碗內,蓋上保鮮膜,在室溫中進行約20分鐘的一次發酵。

5　切分‧醒麵‧塑形
將麵團移至撒上麵粉的工作檯上,用切麵刀切分出2個220g的麵團,揉圓後放置室溫下醒麵約20分鐘。以製作方形吐司時,步驟**18～21**的相同方式(參照P.25),將麵團捲起塑形。

6　二次發酵程序
在烤模內側塗滿一層沙拉油(不包含於材料份量內),麵團最後捲起的閉合處朝下,以等距間隔方式放入烤模。進行60～70分鐘的二次發酵程序,目測麵團膨脹至烤模九分滿時即可。同時先將烤箱以200～210℃預熱。

7　烘烤
用噴霧器充分噴溼麵團表面,放入200～210℃的烤箱中,烤30～40分鐘(這款屬於容易烤焦的麵團,請不時確認烤箱內的麵團色澤)。完成後立刻拿起烤模在檯面上敲幾下,取出麵包。

63

各種烤吐司的方式

美味的祕訣就是大火高溫，在短時間內為吐司烤出金黃色澤。
嘗試各種方式，選擇自己喜歡的香酥程度吧！

1 用烤麵包機烤

將切片吐司一片一片放入烤麵包機，
因為吐司接近熱源，比大烤箱更不
容易流失水分，能烤出豐盈鬆軟的
口感。將吐司放進去烤之前，別忘了
先預熱。

2 直接用火烤

將吐司放在烤網上，用瓦斯爐直接
加熱，呈現金黃酥焦的顏色即可翻
面。單面烘烤時間約20～30秒，就
能烤出一片香味四溢的吐司，美麗的
烤網痕跡更令人食指大動。因為很
快就能烤好，須注意不要烤焦。

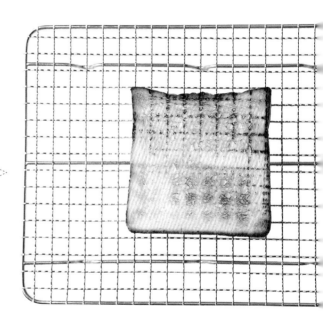

3 用平底鍋煎烤

先預熱平底鍋，不用放油，直接放下
吐司。在鍋面上滴一點水，蓋上蓋子
蒸烤30秒。烤出喜歡的色澤即可翻
面，另一面也用相同方式烤。即使是
厚片吐司，以這種方式也能烤得鬆
軟好吃。

Chapter

3

三明治與
副菜

只要搭配不同抹醬和夾餡，三明治的種類可說變化無窮。單純樸實的吐司，最適合用來做三明治。除了吐司種類與內餡的組合變化外，切片吐司的厚度和烘烤方式不同，做出的三明治風味也不一樣。鑽研開發自己喜歡的抹醬和夾餡，享受做三明治的樂趣吧！

三明治 小 知 識

不同的夾餡與抹醬,搭配不同厚度的切片吐司,
三明治的種類變化無窮。以下要介紹的是製作三明治的基礎,
學會之後就能做出美味好吃、賣相好看的三明治了。

將一整條吐司
切片的訣竅

首先,使用雙刃鋒利的麵包刀。將吐司放在身
體正面,麵包刀以前後移動的方式筆直切片。
重點在於,為了不讓切好的麵包乾掉,先準備
好要夾的餡料,在夾成三明治之前才切片。

吐司放在正面,筆直下刀。

配合抹醬和餡料
改變吐司片的厚度

雞蛋三明治和水果三明治等柔軟且口味清淡
的三明治,就要用薄片吐司去夾。相反地,像
炸豬排三明治這樣厚實的種類,因為整體份
量十足,就要搭配厚片吐司才合適。烤吐司
時,切薄一點口感會比較酥。

柔軟的夾餡適合搭配薄片吐司(厚度約1.7cm)。

烤過的吐司與
合適的夾餡

像BLT三明治和俱樂部三明治,因為夾的是烤
雞或培根等加熱過且口味較重的夾餡,用烤
過的香酥吐司夾成三明治更好吃。當然,每個
人都有自己的喜好,喜歡麵包口感較軟的人,
也可以用香軟的吐司來搭配。

鹹口味的夾餡適合搭配英式吐司。

三明治夾好後怎麼切才會漂亮

使用雙刃且具有份量的麵包刀，刀鋒一定要夠利。切時不必用力，利用麵包刀的重量去切，從刀刃的一端切到另一端，如同使用裁紙刀般大動作切下。

\剩下的吐司邊，可沾抹醬或果醬吃。/

〈柔軟吐司的切法〉

❶ 用手壓住，讓麵包站穩。

從上面輕輕壓住，使夾餡與麵包貼合。

❷ 用手指邊壓邊切。

壓住刀刃兩側的麵包，夾餡才不會移位。

〈香酥吐司的切法〉

❶ 先切掉吐司邊。

烤酥之前，先切下吐司邊。

❷ 用手指邊壓邊切。

稍微用力壓住，以大動作一刀切下。

各種切法

試試切成方便食用的大小和形狀吧！
訣竅是讓夾餡最飽滿的部分露出來。
每次切吐司前，都要將刀刃擦乾淨，
橫切面才會漂亮。

二等分

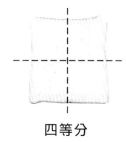
四等分

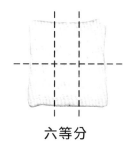
六等分

三角形

抹醬
與夾餡

單純的吐司麵包,可以搭配任何抹醬與夾餡。
甜的也好、鹹的也好,蔬菜、肉類、水果……
請嘗試用各式各樣的食材,變換出不同的美味吧!

抹醬

奶油

特別推薦用鮮奶油進行乳酸發酵製成的發酵奶油,風味絕佳。其中尤以法國產的艾許奶油(Echire Butter),帶有適度的微酸與美妙的奶香,光是用它抹在烤好的香酥吐司上,就比什麼都好吃。

果醬

採收當季水果製成的法國Francis Miot果醬,吃得出濃濃的水果天然甜味與酸味。種類眾多,也是令人愛不釋手的原因。CENTRE THE BAKERY店內亦提供多種選擇。

巧克力奶油醬

除了直接抹在麵包上吃,和水果一起夾成三明治更是一絕。推薦nutella的巧克力奶油醬,最大特徵就是加入了榛果,甜而不膩,讓人忍不住抹上厚厚一層享用。

橄欖油

用來製作醬汁或沙拉醬,南法產的Chateau de Montfrin特級初搾橄欖油,帶有微微鮮嫩青草香,用麵包直接沾取食用就很美味。

黃芥末醬

黃芥末醬帶有適度的酸味與辛辣味,是搭配肉類夾餡時不可或缺的抹醬。將大顆芥子浸漬於白酒中,做成的MAILLE第戎芥末醬(Moutarde de Dijon),風味超群。

番茄醬·美乃滋

無論蔬菜或肉類都能搭配的萬能醬料。加入芥末醬或香草類,就能帶出非常出色的風味。香草美乃滋(參照P.83)可存放的日數長,方便多做一點備用。

夾餡

葉菜類

選擇幾種不同顏色的葉菜混合夾入，會讓三明治外觀非常漂亮。葉片清洗乾淨，撕成適當大小，泡在冰水中30～60分鐘備用。要夾之前才拿出來，用餐巾紙擦乾水分。

蔬菜

將小黃瓜、番茄、洋蔥等蔬菜切片，撒一點鹽，用餐巾紙擦掉多餘水分。製作鮪魚三明治等基本款時，若想增添一絲不同的風味，可加入青紫蘇葉。

培根・火腿

除了製作常見的BLT三明治與火腿三明治外，也可切碎加入馬鈴薯沙拉中。將大塊火腿切成厚片來使用，更顯豪華。培根煎過後，先用餐巾紙吸乾多餘油脂。

起士

製作法式烤起士火腿三明治（croque-monsieur）時，建議使用起士火鍋的格呂耶爾起士（le gruyère），滑順濃厚、入口即化。也可使用做焗烤及披薩時使用的拉絲起士。

水果

製作水果三明治時，建議使用奇異果、香蕉、柳橙、草莓，芒果及香瓜也不錯。各切成6mm厚的片狀，夾入麵包前，先用餐巾紙拭乾水分。

雞蛋三明治

帶酸味的酸奶油（sour cream），具有良好的提味作用。
將雞蛋切成大小不同的塊狀，享受富有層次的口感。

吐司的厚度	1.7cm			
建議使用的吐司				
	方形吐司 ▶P.16	Pullman Bread ▶P.16	黑麥吐司 ▶P.50	全粒粉吐司 ▶P.56

材料（2人份）

吐司…4片
無鹽奶油…適量

雞蛋夾餡
　雞蛋…4顆
　美乃滋…35g
　酸奶油…15g
　小黃瓜…1/2條
　蒔蘿（切碎）…適量
　鹽、胡椒…各少許

作法

1 在鍋中放入雞蛋與剛好蓋過雞蛋的水，加入少許醋和一撮鹽（醋與鹽都不包含於材料份量內），用中火加熱。沸騰後轉小火，水煮14分鐘。

2 煮好的蛋用冰水冷卻後剝殼。其中兩顆切碎，剩下兩顆對半切，再切成9等分。

> **point**
> 將雞蛋切成參差不齊的大小，能增添口感層次。切碎的蛋還能發揮結合食材的作用，防止夾餡鬆散。

3 將**2**放入調理碗中，加入美乃滋、酸奶油與蒔蘿，並攪拌均勻，再用鹽與胡椒調味。

4 小黃瓜切成1～2mm薄片，撒些許鹽和胡椒，用餐巾紙輕壓掉多餘水分。

5 吐司的其中一面抹上奶油，將一半的**4**排放在上面，再放上一半的**3**，用另一片吐司夾起。以手按壓使夾餡位置固定，切下吐司邊，再切成自己喜歡的大小。另外兩片吐司也以相同方法完成。

馬鈴薯沙拉
三明治

在馬鈴薯沙拉中,加入切成小丁的培根,
味道更豐富多變化。
剩下的沙拉還可以當成副菜。

吐司的厚度	1.7cm

建議使用的吐司				
	方形吐司	Pullman Bread	黑麥吐司	全粒粉吐司
	▶P.16	▶P.16	▶P.50	▶P.56

材料(2人份)

吐司…4片
無鹽奶油…適量

馬鈴薯沙拉(方便製作的份量)

馬鈴薯…中型2顆	培根(塊狀)…35g
洋蔥…1/8顆	美乃滋…40g
小黃瓜…1條	帶顆粒的黃芥末…5g
紅蘿蔔…1/4根	鹽、胡椒…各少許

作法

1 馬鈴薯連皮放入鹽水汆燙,燙熟撈起放入
270℃的烤箱烤10分鐘,目的是烤乾水分。
趁熱剝皮,一顆切碎搗細,另一顆切成
1.5cm方塊。

> **point**
>
> 用烤箱烤乾馬鈴薯的水分,做出的沙拉就不會
> 水水的,只留下熱馬鈴薯的鬆軟口感。

2 洋蔥與小黃瓜削成薄片,用鹽抓過後洗乾
淨,瀝乾水分。紅蘿蔔連皮放入鹽水汆燙,
燙熟撈起放涼,削成薄片。

3 培根切為1cm小丁,以平底鍋炒至略焦,用
餐巾紙吸掉多餘油脂。

4 在調理碗中放入**1~3**,以及美乃滋、黃芥
末,攪拌混合後,用鹽與胡椒調味。

5 吐司的其中一面抹上奶油,取150g的**4**排
放在上面,用另一片吐司夾起。以手按壓使
夾餡位置固定,切下吐司邊,最後切成自己
喜歡的大小。另外兩片吐司也以相同方法
完成。

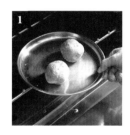

鮪魚三明治

塊狀與片狀的鮪魚分開調味,是這道三明治的祕訣。
夾入祕密武器青紫蘇葉,增添口味上的層次,
完成比一般鮪魚三明治更高等級的滋味。

吐司的厚度	1.7cm		
建議使用的吐司			
	方形吐司 ▶P.16	黑麥吐司 ▶P.50	全粒粉吐司 ▶P.56

材料(2人份)

吐司…4片
無鹽奶油…適量
鮪魚夾餡
　罐頭鮪魚…180g
　小黃瓜…2條
　洋蔥…25g
　青紫蘇葉…4片
　美乃滋…35g
　檸檬汁…1/2小匙
　鹽、胡椒…各少許

作法

1　罐頭鮪魚過篩瀝油後,將塊狀與片狀的鮪魚分開。在罐中剩下的油脂裡撒上胡椒,把塊狀鮪魚放回去醃。

2　洋蔥切成細末,浸泡冷水後瀝乾水分。小黃瓜垂直對半切開,再切成2~3mm厚的薄片,撒一點鹽使其出水,用餐巾紙將水分擦乾。

3　在調理碗中放入撥鬆的片狀鮪魚和洋蔥、美乃滋與檸檬汁,攪拌均勻。用鹽與胡椒調味,做成鮪魚夾餡。

4　吐司的其中一面抹上奶油,鋪上2片青紫蘇葉,再取一半小黃瓜薄片鋪上。放上55g的3,再疊上40g的塊狀鮪魚(1中醃好的),用另一片吐司夾起。以手按壓使夾餡位置固定,切下吐司邊,再切成自己喜歡的大小。另外兩片吐司也以相同方法完成。

BLT三明治

咬下一口，培根的鮮美與蔬菜的水潤在口中同時擴散。
為了享受有嚼勁的口感，麵包要烤酥一點。

吐司的厚度	1.7cm	
建議使用的吐司		
	英式吐司 ▶P.30	黑麥吐司 ▶P.50

材料（2人份）

吐司…4片
培根（切片）…100g
番茄（切成1cm薄片）…4片
生菜…80g
無鹽奶油…適量

番茄奶醬（sauce aurore）
　美乃滋…2大匙
　番茄醬…2大匙
　帶顆粒的黃芥末醬…1大匙

作法

1 以平底鍋將培根兩面煎至略焦，用餐巾紙吸去多餘油脂。

2 在切片番茄上撒一點鹽與胡椒（不包含於材料份量內），用餐巾紙吸去多餘水分。疊上生菜，從上面壓平備用。

3 吐司先烤至表面呈金黃焦酥。其中一面抹上奶油，依序放上一半份量的培根和2片番茄，淋上一半份量的番茄奶醬。再疊上一半份量的生菜，用另一片吐司夾起。以手按壓使夾餡位置固定，切下吐司邊，再切成自己喜歡的大小。另外兩片吐司也以相同方法完成。

巧克力香蕉三明治

不用說，大家都知道巧克力和香蕉有多配。
可使用帶點苦甜的咖啡吐司，做出大人口味的三明治。

吐司的厚度	1.7cm		
建議使用的吐司			
	巧克力吐司 ▶P.54	咖啡吐司 ▶P.60	蜂蜜吐司 ▶P.62

材料（2人份）

吐司…4片
巧克力奶油醬…40g
香蕉…1根

作法

1 香蕉切成厚約1cm的片狀。

2 吐司的其中一面抹上巧克力奶油醬，將一半的 **1** 排上去，並用另一片吐司夾起。以手按壓使夾餡位置固定，切下吐司邊，再切成自己喜歡的大小。另外兩片吐司也以相同方法完成。

水果三明治

溼潤又溫和，甜甜酸酸宛如甜點般的三明治。
奢侈地用上雙層奶油醬，是我的得意配方，請務必嘗試看看。

吐司的厚度	1.7cm
建議使用的吐司	方形吐司 ▶P.16　　巧克力吐司 ▶P.54

材料（2人份）

吐司…4片	蛋奶醬（方便製作的份量）	起士醬（方便製作的份量）
香蕉…1根	牛奶…250ml	鮮奶油（含38%乳脂肪）…70ml
草莓…4顆	蛋黃…2顆	細砂糖…10g
奇異果…1顆	細砂糖…60g	馬斯卡彭起司（Mascarpone）…70g
柳橙…1/2個	低筋麵粉…20g	蜂蜜…10g
	香草莢…1/4枝	

作法

1 製作蛋奶醬。將香草莢割開，取出種子放入裝有牛奶的鍋中並煮開。

2 在調理碗中加入蛋黃與細砂糖，用打蛋器混合，加入低筋麵粉並均勻攪拌。

3 將 **1** 逐量加入 **2** 的碗中，一邊加入一邊攪拌，全部加入後再移回鍋中，用小火加熱，加熱時以木杓攪動鍋中食材。等食材凝固至可用木杓撈起的狀態，並呈現光澤感時便完成。將蛋奶醬倒入大淺盤，盤底下方浸入冰水中，可加速醬汁冷卻。

4 製作起士醬。將鮮奶油與細砂糖放入調理碗中，用打蛋器打至九分發，加入馬斯卡彭起司與蜂蜜，快速攪拌混合。

5 水果一律切成6mm片狀，用餐巾紙吸乾多餘水分。

6 吐司的其中一面抹上 **3** 的蛋奶醬20g與 **4** 的起士醬10g，鋪上一半份量的香蕉片與草莓片。抹上15g的起士醬，鋪上一半份量的奇異果片與柳橙片，再次抹上20g的起士醬，用另一片吐司夾起。以手按壓使夾餡位置固定，切下吐司邊，再切成自己喜歡的大小。另外兩片吐司也以相同方法完成。

炸豬排
三明治

用不輸給厚實豬排的厚片香酥吐司，
做成份量飽滿的三明治。
享用時豪邁大口咬下，是最美味的吃法。

吐司的厚度	2cm		
建議使用的吐司	英式吐司 ▶P.30	黑麥吐司 ▶P.50	全粒粉吐司 ▶P.56

材料（2人份）

吐司…4片
無鹽奶油…適量
高麗菜絲…50g
炸豬排※也可買市售的現成炸豬排
　豬里肌肉（130g）…2片
　蛋…1顆
　低筋麵粉、麵包粉…各適量
　鹽、胡椒…各少許
　炸油…適量
醬汁（3～4人份）
　豬排醬…多於3大匙
　番茄醬…2小匙
　日式烏醋醬（伍斯特醬）…1小匙
　黃芥末…1/2大匙

作法

1　切掉豬里肌肉的多餘肥肉，用刀尖戳刺整塊豬肉。

2　豬肉雙面皆撒上鹽與胡椒，依序沾上低筋麵粉、打散的蛋汁、麵包粉，再以180℃油炸。

3　吐司切邊，烤至整面金黃焦酥。

4　吐司的其中一面抹上奶油，鋪上炸豬排，淋上醬汁後，疊上一半份量的高麗菜絲，用另一片吐司夾起。以手按壓使夾餡位置固定，再切成自己喜歡的大小。另外兩片吐司也以相同方法完成。

81

俱樂部三明治

源自美國高級俱樂部的豪華三明治,濃縮了酥脆的培根、
美味多汁的烤雞等多種食材的鮮美滋味。

吐司的厚度	1.7cm
建議使用的吐司	

英式吐司　黑麥吐司
▶P.30　　▶P.50

材料 (2人份)

吐司…6片
雞腿肉…130g×2片
厚片培根…100g
水煮蛋…2顆
生菜…4片
番茄 (切成1cm厚片) …4片

香草美乃滋…20g
鹽、胡椒…各少許
沙拉油…適量
無鹽奶油…適量

作法

1 雞肉兩面撒上鹽與胡椒,用平底鍋煎至香
酥,切成7〜8mm片狀。

2 培根放入平底鍋煎至微焦,用餐巾紙吸去
多餘油脂。在切片番茄上撒少許鹽與胡椒,
用餐巾紙吸去多餘水分。水煮蛋切成8mm
片狀。

3 吐司切邊,烤至整體金黃焦酥。3片 (1人
份) 中的2片,只需單面抹上奶油,另一片則
雙面都抹上奶油。

4 在單面抹上奶油的吐司上,依序疊上1片生
菜、2片番茄和一半份量的培根,最後加上
5g的香草美乃滋。

5 將雙面都抹上奶油的吐司鋪在**4**上面,再疊
上1片生菜、鋪上一半份量的**1**,並加上5g香
草美乃滋。繼續放上一半份量的切片水煮
蛋,撒少許鹽與胡椒,夾上另一片吐司。以
手按壓使夾餡位置固定,再切成自己喜歡
的大小。另外兩片吐司也以相同方法完成。

香草美乃滋的作法
以美乃滋10:香草(切碎的義大利芹菜、山
蘿蔔葉、蒔蘿)1的比例混合製成。放在冰
箱冷藏,可保存2〜3天。除
了俱樂部三明治外,也可
用於其他三明治食譜,
或當蔬菜棒及油炸食
品的沾醬使用。

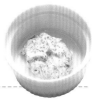

法式烤乳酪火腿三明治

表面與夾層內，都充滿濃稠馥郁的白醬和起士。
建議一定要試試風味絕佳的格呂耶爾起士。

吐司的厚度	1.5cm
建議使用的吐司	方形吐司 ▶P.16　黑麥吐司 ▶P.50　全粒粉吐司 ▶P.56

材料（2人份）

吐司…4片
里肌火腿（2.5mm厚片）…2片
格呂耶爾起士（1mm厚片）…4片
格呂耶爾起士（切碎）…100g
無鹽奶油…適量

白醬
（以下份量約為4人份）
　無鹽奶油…25g
　高筋麵粉…25g
　牛奶…200ml
　鹽、胡椒、肉豆蔻（粉）…各少許

作法

1　製作白醬。在鍋中以小火融解奶油，加入高筋麵粉攪拌均勻，拌炒至滑順後，逐量加入牛奶，一邊稀釋一邊煮沸。持續以打蛋器攪拌，待醬汁呈現濃稠狀即可熄火。以鹽、胡椒與肉豆蔻調味。

2　烤吐司，在單面抹上奶油。再塗上15g白醬，放上1片火腿與2片起士，用另一片吐司夾起。

3　在**2**的表面塗上30g白醬，撒上切碎的起士。以同樣方式製作另一個三明治，放入預熱180℃的烤箱烤約10分鐘。

白醬可冷凍保存。分裝成每次所需的份量，用保鮮膜包起，放入冷凍庫。使用時置於常溫自然解凍。

法式吐司

將吐司預先浸泡於蛋奶液中一個晚上，
就會變得像麵包布丁一樣軟嫩有彈性。趁熱享用吧！

吐司的厚度	3cm
建議使用的吐司	

方形吐司
▶P.16

材料（2人份）

吐司…2片
蛋奶液
　鮮奶油（含38%乳脂肪）…400ml
　蛋黃…2顆
　細砂糖…75g
　香草莢…1枝

作法

1　將蛋黃與細砂糖一同放入調理碗，以打蛋
　　器攪拌均勻。

2　割開香草莢，取出種子，放入裝有鮮奶油的
　　鍋中，以小火加熱至約40℃。

3　將 **2** 放入 **1**，以打蛋器攪拌均勻，倒入淺
　　盤。將吐司放入，浸泡於蛋奶液中，放入冰
　　箱冷藏一晚。

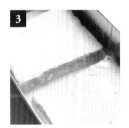

> **point**
>
> 吐司須趁蛋奶液還溫熱時浸入。因為吐司含有
> 油脂，只有熱的蛋奶液才能滲透。一旦涼掉之
> 後，就無法滲透到吐司中心了。

4　從蛋奶液中撈出麵包，放入預熱180℃的烤
　　箱烤約15分鐘，表面呈現金黃焦酥即可。

紅蘿蔔濃湯

在蔬菜的鮮甜中,加入孜然與八角的異國風味。
最適合搭配烤得香噴酥脆的英式吐司。

材料（4人份）

紅蘿蔔…1根
洋蔥…1顆
馬鈴薯（五月皇后〔May Queen〕品種）…1顆
水…300ml
無鹽奶油…10g
清雞湯塊…2塊
月桂葉…1片
八角…1/2個
孜然…1小匙
牛奶…100ml
鮮奶油（含38%乳脂肪）…200ml
鹽、胡椒…各少許

作法

1　紅蘿蔔、馬鈴薯削皮,洋蔥剝皮,全削成厚薄適中的片狀。

2　在鍋中加熱融解奶油,放入洋蔥拌炒,注意不要炒焦,炒至洋蔥變軟為止。

3　在 **2** 中加入紅蘿蔔、馬鈴薯與水。再加入清雞湯塊,使其溶入湯中,放入月桂葉、八角和孜然,持續熬煮至蔬菜類變軟。

4　用食物處理機攪拌所有食材,再過篩濾掉渣滓。

5　再次放回鍋中,加入鮮奶油與牛奶調整濃度,最後以鹽和胡椒調味。

高麗菜湯

在高麗菜與培根做成的簡單湯品中加入馬鈴薯泥，
增添份量感。這道湯品作法簡單，很適合搭配麵包。

材料（4人份）

高麗菜⋯1/4顆
培根（切片）⋯2片
馬鈴薯（May Queen品種）⋯1顆
蒜頭⋯1瓣
無鹽奶油⋯10g
清雞湯塊⋯2塊
水⋯400ml
鹽、胡椒⋯各少許

作法

1　高麗菜切成5mm條狀，培根切為1cm小段。蒜頭剝皮，對半切開去芯。馬鈴薯削皮備用。

2　在鍋中加熱融解奶油，加入培根與蒜頭炒至飄出香氣，再放入高麗菜，炒至菜葉軟化。

3　加水，放入雞湯塊並使其溶入湯中。沸騰後轉小火，將馬鈴薯磨成泥，加入鍋中。

4　整鍋湯煮沸後，以鹽與胡椒調味。

不撒鹽薯片

調味料只有水煮時加入的鹽。用低溫慢慢炸。
溫和清淡的口味,是搭配三明治的最佳配角之一。

材料(2人份)

馬鈴薯(May Queen品種)⋯2顆
鹽⋯適量
炸油⋯適量

作法

1　馬鈴薯連皮切成2mm片狀,用冷水浸泡。

2　在鍋中放入馬鈴薯與蓋過馬鈴薯的水,加入水的
　　10%份量的鹽,用中火加熱。沸騰後,煮至馬鈴薯
　　稍微變軟即可。

3　撈出馬鈴薯,用餐巾紙吸乾多餘水分。

4　炸油加熱至150℃,放入**3**的馬鈴薯,炸至金黃焦
　　酥即可。

涼拌高麗菜

將高麗菜切碎,和醬汁攪拌均勻,就是如此簡單。
醬汁可多做一點備用,想吃的時候隨時都能快速完成。

材料 (方便製作的份量)

高麗菜⋯1/4顆
鹽⋯1撮
醬汁 (方便製作的份量)
　美乃滋⋯2大匙
　白酒醋⋯1/2大匙
　砂糖⋯1小匙
　蜂蜜⋯1小匙
　黑胡椒⋯少許

作法

1　高麗菜切粗絲再切碎,撒鹽後輕輕抓揉至菜葉軟化。

2　在調理碗中混合所有醬汁材料,用打蛋器攪拌均勻。

3　在**1**中加入適量的**2**,涼拌後即可食用。

醃蔬菜

色彩繽紛的視覺搭配清爽酸味,這樣的醃蔬菜最能襯托三明治美味。
重點是要留下清脆的蔬菜口感。

材料(方便製作的份量)

芹菜…1枝

紅蘿蔔…1/2根

小玉米…8根

甜椒(紅‧黃)…各1/2個

櫛瓜…1/2條

白花椰菜…1/4顆

蕪菁…1個

醃料

水…150ml	辣椒(切小段)…1/2條
醋…35ml	白胡椒(整粒)…3粒
砂糖…30g	百里香…1枝
鹽…10g	月桂葉…1片
蒜頭(切成片)…1/2瓣	

作法

1　芹菜與紅蘿蔔削皮,切成條狀。小玉米斜切成兩半。甜椒切成易於入口的扇形。櫛瓜切成約3～4cm長段後,再垂直切成4條。白花椰菜切成容易食用的大小。蕪菁留下少許葉子,切成八等分扇形。

2　將所有醃料材料放入鍋中,以中火加熱,沸騰後轉小火熬煮10分鐘。熄火後,放涼至60℃左右。

3　將 **1** 放入 **2** 的醃料中醃漬,超過30分鐘即可食用。

關於材料

本書中介紹的粉類食材，
只有一部分是CENTRE店內使用的材料。
其他都盡量選擇容易購買，
又接近店內食材味道的品項。

粉類

夢之力特調

北海道產，在高筋麵粉中加入低筋麵粉特調而成。在日本國產麵粉中，屬於蛋白質較多的種類，特徵是韌度高，可同時品嚐到Q彈與紮實兩種口感。

日清山茶花

使用北美產小麥製作的高筋麵粉。特性與CENTRE店內用來製作「Pullman Bread」的加拿大麵粉相近，也是市面上最容易買到的製麵包用麵粉。

Super King

含豐富蛋白質的最高筋麵粉，特徵是麩質蛋白的延展性強，做成的麵團可充分膨脹。除了適合製作口感綿密、有嚼勁的英式吐司外，用來製作葡萄乾吐司也不錯。

La tradition française

這也是「VIRON」店內，用來烤法式棍子麵包的專用麵粉。摻入英式吐司的麵團中，可增加麵包口感的勁道。

其他主原料

無鹽奶油

奶油可促進麵團蛋白質延展性，增加麵團的份量感，同時增添香氣。由於製作麵包時加入的鹽分必須準確，請務必使用無鹽奶油。

奶粉

乳成分可幫助麵包增添醇度與風味。此外，也可讓烤出的色澤更好看。奶粉還能提高麵團的保溼度，具有抑制麵包變乾硬的功效。

即溶酵母粉

推薦法國燕子牌酵母粉，品質穩定，容易使用。在日本，許多麵包店都用這個品牌的酵母粉。含糖分高的麵包，請用耐糖性的金色包裝。

麥芽精

英式吐司等不使用砂糖的麵包，為了要輔助酵母發酵，必須加入麥芽精。同時也能為烤出的麵包，增添風味及光澤感。

杏仁粉

除了能提高麵團的保溼度外，杏仁的堅果香與香醇味，都會使麵包的滋味層次更豐富。製作麵團容易乾燥的葡萄乾吐司時，即可加入杏仁粉。

關於器具

本書中使用的烤模皆選擇市面上容易購得的類型，其他器材也盡可能以一般家庭常備的器具為主。一次準備齊全，便可應用在各種麵包製作上。

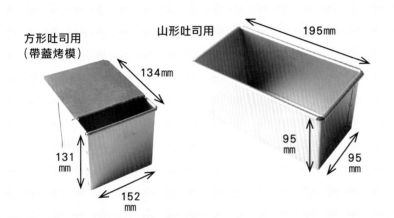

方形吐司用
（帶蓋烤模）

山形吐司用

195mm

134mm

131mm

152mm

95mm

95mm

烤模

吐司用烤模有各種尺寸，請選擇放得進家中烤箱的大小。烤模材質多為鐵板鍍鋁的金屬材質，為了防止麵團沾黏，使用前請務必空燒一次，麵包出爐時才容易脫模。市面上也有販售不易沾黏的碳氟加工材質烤模（譯註：類似鐵氟龍材質）。

調理碗

用來度量或混合材料，可備妥大小尺寸，使用更方便。大的可選購直徑27cm左右的產品，混合粉類等食材時最為順手。

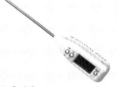

溫度計

用來測量水溫與揉麵時的麵團溫度。麵團溫度是判斷發酵程度的重點，請選擇可準確量出20～30℃之間的溫度計。

電子秤

測量粉類與液體材料的必備品。尤其是酵母粉，毫釐之差就會對發酵程度造成很大影響，請務必選擇可量到0.1g的精密電子秤。

木杓

可用來攪拌調理碗中的食材，也可在混合鍋中醬汁或刮起鍋底殘餘醬汁時使用，是很方便的調理廚具。

切麵刀（刮刀）

除了可用來揉麵、切分麵團外，將麵團從調理碗中移到工作檯時，切麵刀也是不可或缺的工具。市面上可買到塑膠製與不鏽鋼製，兩者皆可使用。

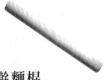

擀麵棍

除了可用來均勻擀平麵皮外，也可拍打麵團釋放多餘氣體。有各種重量與長度，選購時，請以雙手拿住模擬使用，選擇自己順手的尺寸。

C'est bon 12

銀座頂級吐司&三明治嚴選食譜：不藏私的名店配方，最完整的吐司專書，在家就能做出開店級美味！

原著書名／家庭で焼けるシェフの味 セントル ザ ベーカリーの食パンとサンドイッチ
作者／牛尾則明
譯者／邱香凝
企劃選書／何宜珍
責任編輯／曾曉玲、韋孟岑
版　權／黃淑敏、吳亭儀、江欣瑜
行 銷 業 務／黃崇華、賴正祐、周佑潔、張嫚茜
總 編 輯／何宜珍
總 經 理／彭之琬
事業群總經理／黃淑貞
發 行 人／何飛鵬
法 律 顧 問／元禾法律事務所 王子文律師
出 版／商周出版
臺北市104 中山區民生東路二段141 號9 樓
電話：(02) 2500-7008　傳真：(02) 2500-7759
E-mail：bwp.service@cite.com.tw
Blog／http://bwp25007008.pixnet.net./blog
發 行／英屬蓋曼群島商家庭傳媒股份有限公司城邦分公司
臺北市104 中山區民生東路二段141 號2 樓
書虫客服專線：(02)2500-7718、(02) 2500-7719
服務時間：週一至週五上午09:30-12:00；下午13:30-17:00
24小時傳真專線：(02) 2500-1990；(02) 2500-1991
劃撥帳號：19863813　戶名：書虫股份有限公司
讀者服務信箱：service@readingclub.com.tw
城邦讀書花園：www.cite.com.tw
香港發行所／城邦(香港)出版集團有限公司
香港灣仔駱克道193 號超商業中心1 樓
電話：(852) 25086231 傳真：(852) 25789337
E-mailL：hkcite@biznetvigator.com
馬新發行所／城邦(馬新) 出版集團【Cité (M) Sdn. Bhd】
41. Jalan Radin Anum, Bandar Baru Sri Petaling,
57000 Kuala Lumpur, Malaysia.
電話：(603)90578822　傳真：(603)90576622
E-mail：cite@cite.com.my

美術設計／Copy
印 刷／卡樂彩色製版印刷有限公司
經 銷 商／聯合發行股份有限公司
電話：(02)2917-8022　傳真：(02)2911-0053

2015 年 (民104) 11月05日初版
2022 年 (民111) 04 月08 日二版
2023 年 (民112) 04月25日二版2刷

定 價 350元
著作權所有•翻印必究
ISBN：978-626-318-243-1
ISBN：978-626-318-253-0 (EPUB)

線上版讀者回函卡

國家圖書館出版品預行編目(CIP)資料

銀座頂級吐司&三明治嚴選食譜：不藏私的名店配方,最完整的吐司專書,在家就
能做出開店級美味!/牛尾則明著；邱香凝譯. -- 二版. -- 臺北市：商周出版：英
屬蓋曼群島商家庭傳媒股份有限公司城邦分公司發行, 民111.04
96面；18.2×25.8 公分
譯自：家庭で焼けるシェフの味：セントル ザ ベーカリーの食パンとサンドイッチ
ISBN 978-626-318-243-1(平裝)
1.點心食譜　2.麵包　3.速食食譜
427.16　　　　　　111004155

原書設計／細山田光宣・長宗千夏
插畫／三木謙次
攝影／三木麻奈
造型／中里真理子
取材・文／永田さち子
調理助手／松田武司、高橋健二郎、門口薰

材料提供
cuoca (クオカ)
http://www.cuoca.com

富澤商店
http://www.tomizawa.co.jp

攝影協力
奧本製粉株式会社
東京支店(事務所・ラボ)